石油教材出版基金资助项目

石油高等院校特色规划教材

钻井力学基础

主　编　王　萍

副主编　王　亮

石油工业出版社

内 容 提 要

本书针对钻井工程的力学问题，系统介绍了力学基础理论在油气井钻井工程中的应用。全书主要内容包括岩石力学与钻头，钻柱、套管受力分析及强度计算，海洋隔水导管受力及稳定性分析，井斜及其控制原理，地应力、地层压力理论及预测方法，井壁稳定等钻井工程中的力学问题，并分析了油气井出砂问题，给出了出砂预测模型及防砂措施。

本书可作为石油工程、海洋油气工程等专业的本科生、研究生教材，也可供相关专业和从事油气井开发工程技术人员参考。

图书在版编目（CIP）数据

钻井力学基础/王萍主编. —北京：石油工业出版社，2022.8
石油高等院校特色规划教材
ISBN 978 - 7 - 5183 - 5481 - 8

Ⅰ.①钻…　　Ⅱ.①王…　　Ⅲ.①钻井工程-工程力学-高等学校-教材　　Ⅳ.①TE2

中国版本图书馆 CIP 数据核字（2022）第 119073 号

出版发行：石油工业出版社
　　　　　（北京市朝阳区安华里 2 区 1 号楼　　100011）
　　　　　网　　址：www. petropub. com
　　　　　编辑部：（010）64523733
　　　　　图书营销中心：（010）64523633
经　　销：全国新华书店
排　　版：三河市燕郊三山科普发展有限公司
印　　刷：北京中石油彩色印刷有限责任公司

2022 年 8 月第 1 版　　2022 年 8 月第 1 次印刷
787 毫米×1092 毫米　　开本：1/16　　印张：11.5
字数：293 千字

定价：29.00 元

前 言

　　"钻井力学基础"是为石油工程专业本科生开设的一门专业方向课,本书为配套教材。结合钻井工艺与装备,针对钻井工程的力学问题,综合应用力学、数学等基础科学的经典理论和方法,结合专门的实验、试验研究结果及现场采集的数据资料,研究钻井工程中的力学问题。通过本课程的学习,学生可掌握钻井力学中理论与工程实际问题的研究方法,培养工程问题的科学思维方法和分析问题、解决问题的能力,为今后从事钻井工程设计、油气井管柱设计与实际工程的优化设计等奠定基础。

　　本书针对钻井工程的力学问题,同时结合钻井工艺的实际问题,解释钻井技术的合理应用,如结合岩石破碎机理,介绍空间应力状态和强度理论;结合钻柱受力分析和防斜原理,介绍杆件弯曲、组合变形计算;结合地层孔隙压力和破裂压力,介绍地下压力理论;结合海洋隔水导管的稳定性分析,介绍临界载荷的能量法;结合井壁稳定、水力压裂、地层出砂,介绍岩石力学基础理论。

　　本书由王萍担任主编,王亮担任副主编,具体编写分工如下:第三、第五、第六、第七章由王萍编写,第一章和第四章由王亮编写,第二章由樊佳勇编写,第八章由顾甜利编写。王萍对全书进行了统稿。

　　由于作者水平和知识有限,书中难免有一些不当之处,敬请批评和指正。

编　者

2022 年 4 月

目录

第一章

绪论

第一节

工程力学的基本研究内容和方法

　　工程力学，是研究实际工程中的力学问题，并将力学原理应用于工程技术领域的科学。其基本原理是经典力学，是物理学力学的一个分支，具体内容包括：质点及材料力学、弹性力学、固体力学、流体力学、流变学、水力学和土力学等。工程力学属于工程学的一门分支，旨在为如材料科学、机械制造与结构力学等专业提供理论上的计算方法。工程力学可以完成材料的实际测量和选择等诸多相关任务。

　　工程力学的研究方法主要有建立力学模型、演绎和归纳、力学性能实验三种。

　　（1）建立力学模型是通过合理简化，进行理论分析计算的基础。在学习中我们不仅要掌握一些基本典型的力学模型的建立方法，而且要善于将较复杂的研究对象合理简化为分析模型，这将有助于培养学生的抽象思维和创新思维能力。

　　（2）演绎，指利用一般的定理、定律和公式，对一个具体的问题进行演绎分析计算，获得结果；归纳，指对具体物体的研究成果进行总结提炼，寻找出具有普遍性规律和结论，并获得触类旁通的分析方法。

　　（3）力学性能实验，指对理论学习知识进行实验验证，进一步深刻理解知识，包括实验应力分析、水动力学实验和空气动力实验等。数值计算手段的计算力学，是广泛使用电子计算机后才出现的，其中有计算结构力学、计算流体力学等。一个具体的力学课题或研究项目，往往需要理论、实验和计算这三方面的相互配合。

第二节

钻井工艺概述

一、钻井方法

从地面钻开孔道直达油气层，即钻井。油气井如图1-1所示，图中分别标明了井口、井径、井壁、井底、井段和井深。钻井的实质是解决下列问题：（1）破碎岩石；（2）取出岩屑，保护井壁，继续加深钻进；（3）防止油气层污染。

人类历史上有工业价值的钻井方法包括顿钻钻井法和旋转钻井法。

1. 顿钻钻井法

顿钻钻井法又称为冲击钻井法，相应的钻井设备称为顿钻钻机或钢绳冲击钻机，其设备组成及工作原理如图1-2所示。周期性地将钻头提到一定的高度后向下冲击井底，破碎岩石，在不断冲击的同时向井内注水，待井底碎块积到一定数量时停止冲击，下入捞砂筒捞出岩屑，再开始冲击作业。如此交替进行，加深井眼，直至钻到预定深度为止。用这种方法钻井，破碎岩石、取出岩屑的作业都是不连续的，钻头功率小、效率低、速度慢，远不能适应现代石油钻井中优质快速打深井的要求，取而代之的便是旋转钻井法。

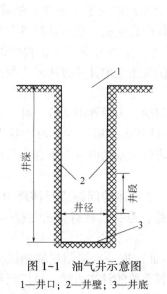

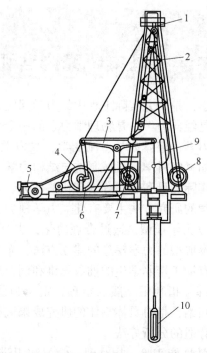

图1-1　油气井示意图

1—井口；2—井壁；3—井底

图1-2　顿钻钻井法示意图

1—天车；2—井架；3—游梁；4—大皮带轮；5—动力机；
6—曲柄与连杆；7—吊升滚筒；8—钻井绳滚筒；
9—捞砂筒；10—钻头

2. 旋转钻井法

旋转钻井法包括地面驱动钻井法和井下动力钻具旋转钻井法两大类。前者分为转盘旋转钻井法和顶部驱动钻井法，后者包括涡轮钻具钻井法和螺杆钻具钻井法。

1）转盘旋转钻井法

转盘旋转钻井法如图1-3所示。井架、天车、游动滑车、大钩及绞车组成提升系统，以悬挂、提升、下放钻柱。接在水龙头下面的方钻杆卡在转盘中，下部承接钻杆、钻铤、钻头等。钻柱是中空的，可通入清水或钻井液。工作时，动力机驱动转盘，通过方钻杆带动井中钻柱，从而带动钻头旋转。控制绞车刹把，可调节由钻柱重量施加到钻头上压力（俗称钻压）的大小，使钻头以适当压力压在岩石面上，连续旋转破碎岩层。与此同时，动力机驱动钻井泵，使钻井液经由地面管汇→水龙头→钻柱内腔→钻头水眼→井底→环形空间→钻井液净化系统，进行钻井液循环，以连续带出被破碎的岩屑并保护井壁。

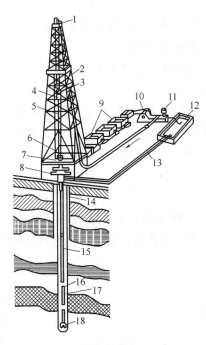

图 1-3　转盘旋转钻井示意图

1—天车；2—游动滑车；3—大钩；4—水龙头；5—方钻杆；6—绞车；7—转盘；8—防喷器；
9—动力机；10—钻井泵；11—空气包；12—钻井液池；13—钻井液槽；14—表层套管；
15—钻柱；16—钻铤；17—钻井液；18—钻头

由于钻杆代替了顿钻中的钢丝绳，钻头加压旋转代替了冲击，所以转盘旋转钻井法破碎岩石和取出岩屑都是连续的，克服了顿钻钻井法的缺点，钻井效率高。

2）顶部驱动钻井法

顶部驱动钻井法采用一套安装于井架内部空间、由游车悬持的顶部驱动钻井系统（简称顶驱钻井系统），常规水龙头与钻井电动机相结合，并配备一种结构新颖的钻杆上卸螺纹装置，从井架空间上部直接旋转钻柱，并沿井架内专用导轨向下送进，可完成旋转钻进、倒划眼、循环钻井液、接钻杆（单根、立根）、下套管和上卸管柱螺纹等各种钻井操作。

顶驱钻井系统出现于 20 世纪 80 年代，并首先成功应用于海洋钻机，已应用到陆地深井、超深井钻井上，呈现出良好的发展前景。

顶驱钻井系统的突出优点是：可节省钻井时间 20%～25%，大大减少卡钻事故，控制井涌，避免井喷，将其用于深井、超深井、斜井及各种高难度的定向井钻井时综合经济效益尤为显著。

3）涡轮钻具钻井法

虽然从顿钻钻井法到旋转钻井法是钻井方法上的一次革命，但随着钻井深度的增加，钻柱在井中旋转不仅要消耗过多的功率，且容易引起钻杆折断事故，这就促使人们向钻杆不转或不用钻杆的方面寻求驱动钻头的方法。将动力装置放到井下，带动钻头旋转，从而诞生了井下动力钻具旋转钻井法。

常用的井下动力钻具有两种，即涡轮钻具和螺杆钻具。图 1-4 为涡轮钻具结构示意图。它下接钻头，上接钻柱。工作时，钻井泵将高压钻井液从钻柱内腔泵入涡轮钻具中，驱动转子并通过主轴带动钻头旋转，实现破岩钻进。

涡轮钻具钻井的地面设备与转盘旋转钻井相同，但钻柱是不转动的，可节约功率，磨损小，事故少，特别适用于定向井和水平井。

涡轮钻具转速偏高，不宜配用牙轮钻头，若采用聚晶金刚石钻头、切削块钻头（PDC钻头）及在 PDC 钻头基础上发展起来的热稳定性更好的巴拉斯钻头（BDC 钻头），可在高速旋转和高温下钻井。因此，PDC 钻头和 BDC 钻头的出现，加上钻测技术的发展，为涡轮钻具的应用开辟了广阔的前景。

4）螺杆钻具钻井法

螺杆钻具是一种由高压钻井液驱动的容积式井下动力钻具。钻井液驱动转子（螺杆）在衬套中转动，带动装在其下端的钻具破岩钻进。单螺杆钻具结构如图 1-5 所示。

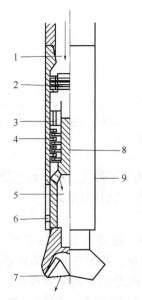

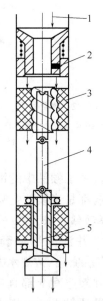

图 1-4　涡轮钻具结构示意图
1，5—钻井液；2—止推轴承；3—中间轴承；4—涡轮；
6—下轴承；7—钻头；8—主轴；9—外壳

图 1-5　单螺杆钻具结构示意图
1—钻井液；2—旁通阀；3—单螺杆马达总成；
4—万向轴总成；5—传动轴总成

螺杆钻具结构简单、工作可靠，能提供大扭矩、低转速，适于配用普通牙轮钻头，也可配用普通金刚石钻头，从而可提高钻头进尺和使用寿命。由于它的这些性能优于涡轮钻具，因此螺杆钻具也是一种钻定向井、水平井、深井很有发展前途的井下动力钻具。我国已成为世界上螺杆钻具第一生产大国。

二、钻井过程

1. 钻前准备

在确定井位、完成钻井设计与地质设计后，钻前准备就成为钻井施工中的第一道工序。它主要包括：

（1）修公路：修建通往井场的运输公路，以便运送钻井设备及器材等。

（2）井场与设备基础准备：根据井的深浅、设备的类型及设计要求平整井场；准备设备基础设施（包括钻机、井架、钻井泵、动力机等的基础）。

（3）钻井设备搬运与安装：包括设备搬运、就位、找正、调整、固定，钻井循环管线和油、气、水、保温管线的安装，设备试运转，安装验收及安全检查等。

（4）井口准备：包括挖圆井（有的井不挖）、下导管并封固、钻大鼠洞与小鼠洞等。

2. 钻进

钻进是指以一定压力作用在钻头上，并使钻头旋转破碎井底地层岩石，井底岩石被破碎后所产生的岩屑通过循环钻井液被携带到地面上来。加在钻头上的压力是利用部分钻柱（钻铤）的重力来完成的，钻头的旋转是由转盘或顶驱设备带动钻柱旋转来实现的。在使用井下动力钻具时，钻柱不旋转，井下动力钻具带动钻头旋转。在钻井过程中，只要钻具在井内，就应不断循环钻井液，避免造成井下事故。

在钻进中，钻头不断破碎岩石，井眼逐渐加深，于是钻柱也需要接长，因而需要不断加接钻杆，称为接单根。

钻头在井底破碎岩石，会逐渐磨损，机械钻速会下降。当钻头磨损到一定程度时，需要更换新钻头。为此，需将全部钻柱从井内起出（称起钻），更换新钻头后再将新钻头与全部钻柱下入井内（称下钻），这一过程称为起下钻。有时为了处理事故、测井等，也需进行起下钻作业。

3. 钻井液循环

随着钻进的进行，产生的岩屑随之增加，要继续钻进就必须把这些岩屑从井底清除干净。这一任务可以通过钻井液循环完成，如图1-6所示。钻井液从中空的钻柱内泵入井中，到井底后携带岩屑经由钻具与井壁所形成的环形空间（简称环空）上返到地面，从而把岩屑从井底带出。携带钻屑的钻井液到达地面后，经过固相分离设备把钻屑从钻井液中分离出去。

钻井液一般是由水与一些化学处理剂混合而成的，如油基钻井液是由油和水形成的一种混合物。有时候也有用压缩空气或空气与水的混合物（即其混合所产生的泡沫）作为钻井液的。钻最上面一层地层时所使用的钻井液称为开钻钻井液。开钻钻井液一般是在清水和黏土的混合物并加入一些聚合物，以使其黏度很大，有利于携带较大的固体颗粒。

钻井液是保证正常、安全、高效钻井的重要条件之一，被称为钻井的"血液"。钻井液的主要作用是：携带出被钻头破碎的岩屑，经净化系统除去岩屑后继续循环使用；冷却和润滑钻

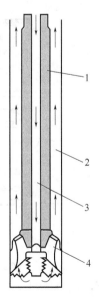

图1-6 钻井液循环示意图
1—中空的钻柱；2—环空；
3—钻井液循环路径；4—钻头

头、钻柱，减少磨损，延长使用寿命；巩固井壁，防止井壁坍塌，阻止液体渗入地层；平衡地层压力，防止井喷和井漏；采用涡轮钻具、螺杆钻具或喷射钻井时，向井底输送水功率。此外，从钻井液携带出的岩屑及油气显示还可以判断地层的油气资源和岩层状况。

4. 下套管

在钻井过程中，井眼不断加深，所形成井眼的井壁应当稳定并不发生复杂情况，以保证

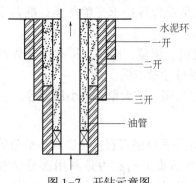

图 1-7　开钻示意图

继续钻进。在钻进中要钻穿各种地层，而各地层的特点不同，岩石强度有高有低，有的地层含高压油、气、水等流体，有的含有盐、石膏、芒硝等成分，这些对钻井液都有不良影响。强度低的地层会发生坍塌，或被密度大的钻井液压裂而发生井漏等复杂情况，妨碍继续钻进。这就需要下入套管并注入水泥予以封固，然后用较小的钻头继续钻出新的井段。每改变一次钻头尺寸（井眼尺寸），开始钻新井段的工艺都称为开钻。一般情况下，一口井的钻井过程中应有几次开钻，如第一次开钻称一开，第二次开钻称二开，依次类推，其开钻示意图如图 1-7 所示。

三、井身结构与钻具组合

1. 井身结构

井身结构指的是下入井中的套管层数、尺寸、规格、长度及与各层套管相应的钻头直径，如图 1-8 所示。一口井的井身结构是根据已掌握的地质情况和要求的钻井深度在开钻前拟定的。图 1-9 为套管层次示意图。各层次套管介绍如下：

（1）导管。导管的作用是防止地表土层垮塌，引导钻头入井，并导引上返的钻井液流入净化系统。导管通常下入的深度是 30~50m。

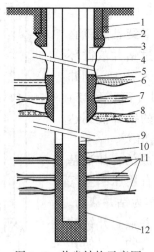

图 1-8　井身结构示意图

1—导管；2—表层套管；3—表层套管水泥环；4—技术套管；5—技术套管水泥环；6—高压气层；7—高压水层；8—易塌地层；9—井眼；10—油层套管；11—主油层；12—油层套管水泥环

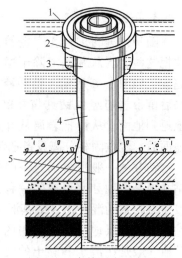

图 1-9　套管层次示意图

1—地面；2—导管；3—表层套管；4—技术套管；5—油层套管

（2）表层套管。下入表层套管的目的在于加固上部疏松岩石的井壁，封住淡水砂层、砾石层或浅气层；安装井控设备并支撑随后下入的技术套管重量。表层套管的深度一般为100m，最深可达300~400m。

（3）技术套管。技术套管是位于表层套管以内的套管。下入技术套管是为了隔绝上部的高压油、气、水层或漏失层及坍塌层。深井、超深井及地质情况复杂时，需下入几层技术套管。

（4）油层套管。油层套管是下入井内的最后一层套管，以形成坚固的井筒，使生产层的油或气由井底沿该套管流至井口。

在各层套管与井壁的环形空间都应用水泥加固（固井）。为节省钢材、降低钻井成本，在满足钻井工艺要求的前提下应少下或不下技术套管。有的井会在技术套管下部下入尾管（衬管）。

2. 钻具组合

钻具组合（或钻具配合）是指根据地质条件与井身结构、钻具来源等决定钻井时采用何种规格的钻头、钻铤、钻杆、方钻杆，并配合连接起来组成钻柱。合理的钻具组合是确保优质、快速钻井的重要条件。典型的钻具组合如图1-10所示。

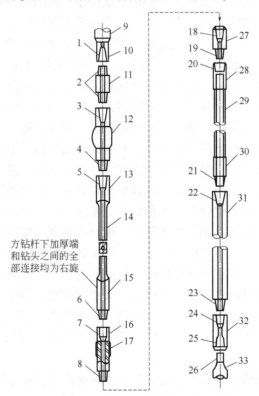

方钻杆下加厚端和钻头之间的全部连接均为右旋

图1-10 钻具组合示意图

1，3，5—左旋内螺纹；2，4—左旋外螺纹；6，8，19，21，23，26—外螺纹；7，18，20，22，24，25—内螺纹；9—水龙头；10—水龙头中心管；11—水龙头接头；12—方钻杆阀（选用）；13—上加厚端；14—方钻杆；15—下加厚端；16—方钻杆阀或方钻杆安全接头；17—橡皮护箍（选用）；27—钻杆接头；28—钻杆内螺纹接头；29—钻杆；30—钻杆外螺纹接头；31—钻铤；32—钻头接头；33—钻头入井钻具应尽量简单。在能满足要求时，尽量只用一种尺寸的钻杆，以简化钻井器材装备，便于起下钻作业和处理井下事故。钻深井时，由于钻柱自身很重，钻杆强度不够，故采用复合钻杆。此时两种钻杆尺寸可相差一级，大尺寸者在上部。

第三节
力学在钻井工程中的应用

力学在钻井工程领域的应用向来备受重视，形成了固定的发展和研究方向，主要包括岩石力学和管柱力学两个方面。

岩石力学是研究岩石、岩体在各种力场作用下的变形与破坏规律的理论及其实际应用的基础学科。岩石力学的许多概念、方法理论及公式是从工程地质学和土力学借鉴来的。它涉及多种学科知识，比如流变力学、断裂损伤力学、材料力学等。岩石力学的问题贯穿于钻井工程的始终。一方面，钻井工程中的岩体是地质体，它经历过多次反复地质作用，经受过变形，遭受过破坏，形成一定的岩石成分和结构，赋存于一定的地质环境中。岩体的力学性质包括岩体稳定性特征、强度特征和变形特征，它会随着岩体内结构面产状的不同而变化。另一方面，由于钻井工程是一个动态钻进过程，岩体的力学性质会随着工程尺寸和钻进方向不同而变化，同时环境因素（地应力、水、温度）也是影响其性质的一个重要方面。由此可见，岩石力学在钻井工程中的应用是非常广泛而深入的。石油工业由浅层、中层逐步向深层次进军，由常规油气资源向非常规资源方向发展，地层岩石力学特性成为安全高效勘探开发油气资源时需要综合考虑的主要因素，而且遇到的岩石力学问题日趋复杂。

在钻井过程中，管柱是必不可少的工具。它是地面信息向井下传递的渠道，也是井下物质传输到地面的通道。管柱之于钻井工程，犹如脊柱之于人体，其力学行为十分复杂。开展管柱力学研究，对管柱进行系统、全面、准确的力学分析，在井眼轨道设计与控制、管柱强度校核、管柱结构和钻井参数优化等方面都具有重要意义。管柱力学是指应用数学、力学等基础理论和方法，结合实验及井场资料等数据，综合研究受井眼约束的管柱力学行为的工程科学。管柱力学研究已经有几十年的发展历史，许多研究成果已经应用到生产实践并产生了巨大的经济效益，但由于钻柱在充满流体的狭长井筒内处于十分复杂的受力、变形和运动状态，直到今天仍然无法做到对管柱力学特性的准确描述和精确的计算。近年来，随着欠平衡井、深井、超深井、水平井、大斜度井和大位移井在油气勘探开发中所占的比重越来越大，井眼轨道控制、钻具疲劳失效、钻井成本等问题逐年突出，对管柱力研究提出了更高的要求。

随着计算机技术、数值仿真技术、可视化技术和虚拟现实技术的不断发展，虚拟仿真已经成为科学研究的重要手段，正在得到越来越广泛的应用。它以已经获得的大量翔实的实际数据为基础，以计算机高速处理能力为依托，采用虚拟仿真的手段来研究较复杂的工程问题。虚拟仿真能够再现钻井的实际工况，大幅降低科研成本，必将为钻井工程力学的发展注入新的活力。

第二章

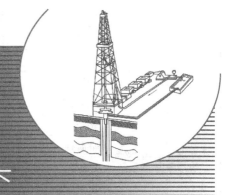

岩石的力学性质与钻头

岩石是钻井的主要工作对象。在钻井过程中，一方面要提高破碎岩石的效率，另一方面要保证井壁岩层稳定；在固井后，必须保证井眼在相当长时间内稳定。这些都取决于对岩石的力学性质的认识和了解。因此，本章第一节将结合钻井工程阐明与钻井过程相关的岩石的力学性质以及影响这些性质的主要因素，为正确掌握钻井工程的基本理论与技术打下必要的基础，并为改进现有的破岩理论、井壁稳定理论或提出新的理论和方法提供一定的启发。

在旋转钻井中，钻头是破碎岩石的主要工具。钻头质量的优劣、钻头与岩性及其他钻井工艺条件是否相适应，将直接影响钻井速度、钻井质量和钻井成本。随着钻井工艺的要求及钻井技术、材料和机械制造工业的发展，钻头的设计、制造和使用有了很大的发展，而且仍在发展之中。本章第二节将主要介绍刮刀钻头、牙轮钻头、金刚石钻头的结构、工作原理、选择和使用方面的基础知识，并对其他钻头稍作介绍，为正确选择及使用钻头、改进钻头结构打下基础。

第一节

岩石的力学性质

根据成因，可把岩石分为岩浆岩、变质岩和沉积岩三大类。石油与天然气大都储藏在沉积岩中，因此本节主要讨论沉积岩。

一、岩石的基本构成

岩石的基本构成是由组成岩石的物质成分和结构两大方面来决定的。

1. 岩石的物质成分

岩石是造岩矿物颗粒的集合体，最主要的造岩矿物分为八类20余种，见表2-1。岩石中各种矿物的含量因不同成因的岩石而异，岩石的性质在很大程度上取决于造岩矿物的性质。

表 2-1　主要造岩矿物

序号	矿物名称	密度，g/cm^3	摩氏硬度	晶形
Ⅰ.铝硅酸盐（长石族）				
1	正长石	2.57	6	单斜晶系
2	钾微斜长石	2.54	6~6.5	三斜晶系
3	钠长石	2.62~2.65	6~6.5	三斜晶系
4	钠钙长石	2.65~2.67	5.5~6	三斜晶系
5	中长石	2.68~2.69	5~6	三斜晶系
6	钙钠斜长石	2.70~2.73	5~6	三斜晶系
7	钙长石	2.74~2.76	6~6.5	三斜晶系
似长石类				
8	霞石	2.55~2.65	5.5~6	六方晶系
9	白榴石	2.45~2.50	5.5~6	等轴晶系
Ⅱ.云母（层状硅酸盐）				
10	白云母	2.63~3	2~2.5	单斜晶系
11	黑云母	2.70~3.1	2.5~3	单斜晶系
Ⅲ.铁镁硅酸盐				
12	辉石	3.3	5~6	单斜晶系
13	普通辉石	3.26~3.43	5~6	单斜晶系
14	普通角闪石	3.05~3.47	5~6	单斜晶系
15	橄榄石	3.27~3.37	6.5~7	斜方晶系
Ⅳ.氧化物类				
16	石英	2.60~2.66	7	六方晶系
17	石髓（玉髓）	—	7	隐晶系
18	蛋白石	1.9~2.3	5.5~6.5	非晶体
19	磁铁矿、赤铁矿和其他	—	—	—
Ⅴ.碳酸盐矿物				
20	方解石	2.71~2.72	3	三方晶系
21	文石（霰石）	2.93~2.95	3.5~4	斜方晶系
22	白云石	2.8~2.9	3.5~4	三方晶系
Ⅵ.硫酸盐矿物				
23	无水石膏	2.9~2.99	3~3.5	斜方晶系
24	石膏	2.3	1.5~2	单斜晶系
Ⅶ.卤化物				
25	岩盐	2.13	2~2.5	等轴晶系
Ⅷ.黏土矿物（层状硅酸盐）				
26	高岭石	2.6~2.63	1~2.5	单斜晶系
27	微晶高岭石	—		

2. 岩石的结构

岩石的结构包括微观结构和宏观结构两个方面。

1）岩石的微观结构

岩石的微观结构是指岩石中矿物（即岩屑）颗粒相互之间的关系，包括颗粒的大小、形状、排列、结构连接特点及岩石中的微结构面（即内部缺陷）。其中，结构连接和岩石中的微结构面对岩石的力学性质影响最大。

岩石中结构连接的类型主要可分为结晶连接和胶结连接两种。结晶连接是指岩石中矿物颗粒通过结晶相互嵌合在一起的连接，如岩浆岩、大部分变质岩及化学沉积岩的结构连接。胶结连接是指颗粒与颗粒之间通过胶结物结合在一起的连接，如碎屑沉积岩的结构连接。

岩石中的微结构面（或称内部缺陷），是指存在于矿物颗粒内部或矿物颗粒及矿物集合体之间微小的弱面及空隙。它包括矿物的解理、晶格缺陷、晶粒边界、晶间空隙、微裂隙等。岩石的微结构面一般很小，通常需在显微镜下观察才能见到，但它们对岩石的力学性质影响却很大，微结构面的存在将大大降低岩石（特别是脆性岩石）的强度。

根据岩石的微观结构，可将沉积岩分为碎屑沉积岩与化学沉积岩两类。碎屑沉积岩是由岩石碎屑经沉积、压缩及流经沉积物的溶液中沉淀出的胶结物的胶结作用而形成的，包括砂岩、泥岩、砾岩等，胶结物通常有硅质、石灰质、铁质和黏土质几种。化学沉积岩是盐类物质从水溶液中沉淀或在地壳中发生化学反应而形成的，包括石灰岩、白云岩、石膏等。化学沉积岩具有较细的晶体颗粒，结构致密、坚硬，强度较高，但在长期的内动力地质作用下，普遍存在孔隙和十分发育的各种裂缝。

2）岩石的宏观结构

岩石的宏观结构是指岩石在大范围内的结构特征，对于沉积岩，主要包括层理和页理。层理是指沉积岩在垂直方向上岩石成分和结构的变化，主要表现为不同成分的岩石颗粒在垂直方向上交替变化沉积、岩石颗粒大小在垂直方向上有规律的变化、某些岩石颗粒按一定方向的定向排列等。页理是指岩石沿平行平面分裂为薄片的能力，它与岩石的微观结构有关。页理面与层理面常不一致。沉积岩的宏观结构对于其力学性质具有重要影响。

由于微观和宏观结构上的特点，大多数沉积岩的性质具有不均匀性和各向异性，其各向异性表现在它的强度和变形特性等各方面。沉积岩在平行于层理方向和垂直于层理方向上的力学性质具有明显差异。

二、岩石的机械性质

岩石在外力作用下，从变形到破坏所表现的力学性质，叫作岩石的机械性质。根据钻头破碎岩石的特点，与破岩效率有关的机械性质有岩石的强度、塑性、脆性、硬度等。

1. 岩石的强度

1）岩石强度的概念

岩石在各种载荷作用下达到破坏时所能承受的最大应力称为岩石的强度。根据载荷性质的不同，岩石的强度可分为抗压强度、抗拉强度、抗剪强度和抗弯强度等。

岩石强度测试大体上有两类：第一类是实验室测试；第二类是原处测试，即直接测定岩石在原处条件下的力学性质。对于石油钻井来说，岩石埋藏很深，无法进行原处测试，因此岩石强度测试都在实验室进行。

2）简单应力条件下岩石的强度

简单应力条件下岩石的强度指岩石在单一外载作用下的强度，包括单轴抗压强度、单轴抗拉强度、抗剪强度及抗弯强度。虽然在这种情况下应力简单，并且和钻井时岩石应力状态并不相同，但对研究影响岩石变形和破坏的一些有关因素仍有一定的指导意义。

大量实验结果表明，在简单应力条件下，岩石的抗压强度最大，抗拉强度最小。一般说来，岩石的强度有以下顺序关系：

抗拉强度<抗弯强度≤抗剪强度<抗压强度

如果以抗压强度为 100，则其余加载方式下的强度与抗压强度的比例关系见表 2-2。

表 2-2　岩石各种强度下的比例关系

岩石	抗压强度	抗剪强度	抗弯强度	抗拉强度
花岗岩	100	9	6	2~4
砂岩	100	10~12	2~6	2~5
石灰岩	100	15	8~10	4~10

各种强度之所以有这样大的差别，是由于拉伸情况下晶粒间的分子力要随载荷的增长而减小，而在压缩情况下则随载荷的增加而增大。在拉伸情况下，随着载荷的增加，相互作用力也要减小，这样就会使弹性模量逐渐地减小，使抗拉强度也相应地减小；在压缩情况下，弹性模量会增加，抗压强度相应地也会增大。

3）复杂应力条件下岩石的强度

在实际钻井条件下，岩石处于复杂的而不是单一的应力状态。因此研究复杂多向应力作用下岩石的机械性质有着重要的实际意义。

岩石在地层深处处于各向受压的状态，通过模拟这种压力条件的三轴应力试验，可以了解到岩石在压力条件下的强度特点。三轴应力试验中，最常用的是常规三轴试验（或称伪三轴试验）。它是将圆柱形的岩样置于一个高压容器中，首先用液压 p 使其四周处于均匀压缩的应力状态下，然后保持此压力不变，对岩样进行纵向加载，直到使其破坏。试验过程中，记录纵向的应力和应变关系曲线。可以进行三轴压缩试验和三轴拉伸试验，前者施力方案是 $\sigma_1 > \sigma_2 = \sigma_3 = p$，后者是 $\sigma_3 < \sigma_1 = \sigma_2 = p$，如图 2-1 所示。

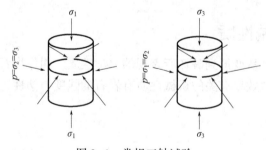

图 2-1　常规三轴试验

试验证明，岩石的强度随着围压的增加而明显地增大。图 2-2 表示的是一些岩石的三轴抗压强度随围压的变化情况。从图 2-2 中可以看出，在室温条件下，当围压增加时，除盐岩以外的其他岩石强度均增加，但增加的程度不同。砂岩强度增加得最明显。

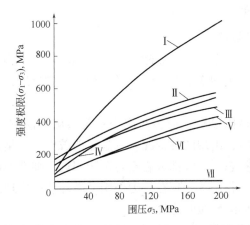

图 2-2 围压对岩石强度的影响（室温 24℃）（据刘希圣，1988）
I —Oil Creek 石英砂岩；II —Hasmark 白云岩；III —Blain 硬石膏；IV —Yule 大理岩；
V —Barns 砂岩及 Maianna 石灰岩（曲线重合）；VI —Muddy 页岩；VII —盐岩

围压对强度的影响程度不是在所有压力范围内都是一样的。在围压开始增大时，岩石的
强度增加比较明显；围压继续增加时，相应的强度增量就变得越来越小；最后当围压很高
时，有些岩石（例如石灰岩）的强度便趋于常数。原因在于，围压增大，岩石的体积产生
压缩，颗粒间的距离缩短，甚至矿物颗粒内部体积减小，颗粒之间甚至颗粒内部质点之间的
相互作用力增强，从而表现为对外载的抗力增大，因而岩石的强度随围压增加而增大。然
而，当质点间的距离已经缩短到一定程度后，再继续使其接近就需要非常大的压力，因而在
围压很高时，岩石的强度就不是那么容易再增大了。

4）影响岩石强度的因素

影响岩石强度的因素可以分为自然因素和工艺技术因素两类。

（1）自然因素。

影响岩石强度的自然因素包括岩石的矿物成分、矿物颗粒的大小、岩石的密度和孔隙
度、岩石的层理、岩石所处的温度等。

由硬度较高的矿物所组成的岩石，其强度也较高。碎屑沉积岩的强度还取决于胶结物的
矿物成分和所占的百分数，胶结物所占的比例越大，则胶结物对岩石强度的影响越大，被胶
结矿物对岩石强度的影响越小。

同种岩石的孔隙度增加，则密度降低，岩石的强度也随之降低。一般情况下，岩石
的孔隙度随着岩石埋藏深度的增加而减小，因此，岩石的强度一般随着埋藏深度的增加
而增加。

由于沉积岩存在层理，其强度有明显的各向异性。垂直于层理的抗压强度最大，平行于
层理的抗压强度最小，与层理方向成某个角度的抗压强度介于二者之间。原因是层理面之间
的连接力是薄弱的，在沿平行于层理方向加压时，岩石首先从层理面裂开。实验证明，泥质
页岩垂直于层理的强度比平行于层理的强度大 1.05~2.00 倍，砂岩则大 1.03~1.20 倍。

（2）工艺技术因素。

影响岩石强度的工艺技术因素包括：岩石的受载方式不同，相同岩石的强度不同；岩石
的应力状态不同，相同岩石的强度差别也很大；此外，还有外载作用的速度、液体介质性
质等。

2. 岩石的塑性和脆性

1）岩石的塑性和脆性概述

物体在外力作用下产生变形，外力撤除后，变形随之消失，物体恢复到原来的形状和体积的性质，称为弹性，所产生的变形叫弹性变形；当外力撤除后，岩石不能恢复原来的形状和体积的变形称为塑性变形。

材料在外力不超过弹性限度时，应力与应变的关系服从胡克定律，即应力与应变成正比；当外力超过弹性限度后，出现两种情况：一是立即破碎；二是产生塑性变形，这种变形是永久性的。在单向应力状态下，大部分岩石与矿物都近于弹性脆性体，即在应力达到弹性极限后，它们就开始破坏。我们把岩石在外力作用下破碎前所表现的永久变形的性质叫岩石的塑性，而不呈现永久变形的性质叫脆性。

苏联学者史立涅尔分析了平底圆柱形压头静压入岩石时在岩石中产生的应力状态，并提出了一套确定岩石塑性和硬度（史氏硬度）的方法，其试验装置如图2-3所示，所用平底圆柱形压头如图2-4所示。

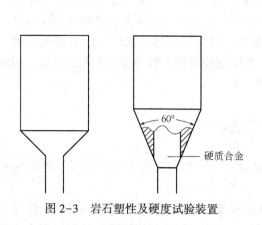

图2-3　岩石塑性及硬度试验装置

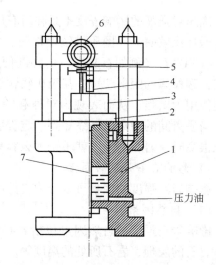

图2-4　平底圆柱压头

1—液缸缸体；2—液缸柱塞；3—岩样；4—压头；

5—压力机上压板；6—千分表；7—柱塞导向杆

试验是用平底圆柱压头加载并压入岩石，压入过程中记录下载荷与吃入深度的相关曲线，如图2-5所示，变形曲线纵坐标为压头上所加载荷 f，横坐标为压头吃入深度 ε。根据这三种典型形态，可以把岩石分为脆性岩石、塑性岩石和塑脆性岩石三大类。

图2-5(a)是脆性岩石典型曲线形态。这类岩石只有弹性变形，没有塑性变形。载荷和压头吃入深度成直线变化，压力加到一定值 D 点即产生破碎，如花岗岩、石英岩等。根据压入试验，这类岩石的变形和破碎特点是变形深度（即压头吃入深度）ε 很小，而破碎坑深度远大于变形深度，破碎面积也远大于压头面积。

图2-5(b)是塑脆性岩石的典型变形曲线，其变形和破碎特点是：先产生弹性变形，再产生塑性变形，最后发生脆性破碎，如大理岩等。图中 OA 为弹性变形区，应力超过屈服点 A 即转入塑性变形区，塑性变形达 B 点时产生脆性破碎。塑脆性岩石可以有一个或两个

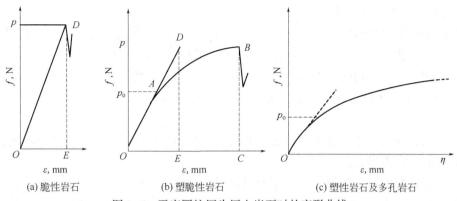

图 2-5　平底圆柱压头压入岩石时的变形曲线

塑性区，其区别只是斜率不同。这类岩石在压入试验时的表现是：在破碎前变形深度 ε 较大，但破碎深度远大于变形深度，破碎面积大于压头面积。

图 2-5(c) 为塑性岩石及多孔岩石的变形曲线。该类岩石受压后发生很大的塑性变形而不产生脆性破碎，如塑性泥岩及多孔砂岩和灰岩。在压入试验时，该类岩石变形和破坏的特点是：吃入深度随压力的增加而逐渐增加，不存在脆性破坏点，破碎深度等于变形深度，破碎面积等于压头面积。

岩石塑性的大小可以用破碎前耗费的总功 A_F 与弹性变形功 A_E 的比值来表示，这个比值称为塑性系数 K，即

$$K = \frac{A_F}{A_E} \qquad (2-1)$$

脆性岩石破碎前所耗费的总功 A_F 相当于图 2-5(a) 中 ODE 所围成的面积，弹性变形功 A_E 也是 ODE 所围成的面积，故其塑性系数 $K=1$；塑脆性岩石破碎前所耗费的总功 A_F 相当于图 2-5(b) 中 $OABC$ 所围成的面积，弹性变形功 A_E 相当于面积 ODE 所围成的面积（在这里弹性变形功不仅包括了纯弹性区的变形功，同时也包括了在塑性变形区里所消耗的那部分弹性变形功，因为在塑性变形区由于吸收了弹性能而出现了硬化现象），因此其塑性系数为

$$K = \frac{A_F}{A_E} = \frac{S_{OABC}}{S_{ODE}} > 1 \qquad (2-2)$$

塑性岩石或多孔岩石不存在脆性破坏点，根据岩石的塑性系数定义，无法求得 K 数值，故认为这类岩石的塑性系数为无限大（∞）。试验表明，致密的非多孔岩石的塑性系数一般都不超过 6，所以可以认为 $K>6$ 的岩石已属于塑性岩石。对于多孔岩石，压头吃入深度的变化已不是单纯的塑性变形的结果，还包括了孔隙的压实过程，对于其中的一部分岩石，当压实到一定程度后，也能产生脆性破坏。

根据岩石的塑性系数大小，可将岩石分为三类六级，如表 2-3 所示。

表 2-3　岩石按塑性系数的分类

类别	脆性	塑脆性				塑性
		低塑性————————————————————→高塑性				
级别	1	2	3	4	5	6
塑性系数 K	1	1~2	2~3	3~4	4~6	1~∞

2）影响岩石塑性的因素

岩石的塑性不仅与组成岩石的矿物塑性有关，而且更重要的是取决于岩石内部的结构、颗粒的大小及形状、岩石晶粒间相互作用力的性质及胶结物的组成等。

由于大部分造岩矿物的塑性都不很大，有的基本上无塑性，所以岩石的塑性变形主要是由颗粒间的相对滑移引起的。因此，细粒岩石由于其颗粒间面积大，所以比粗粒岩石塑性大。

实验证明，随着围压的增加，岩石表现出从脆性到塑性的转变，并且围压越大，岩石破坏前所呈现的塑性也越大。

对于深井钻井而言，认识并了解岩石从脆性向塑性的转变压力（或称临界压力）具有重要的实际意义。因为脆性破坏和塑性破坏是两种本质上完全不同的破坏方式，破坏脆性岩石与塑性岩石要应用不同的破碎工具（不同结构类型的钻头），采用不同的破碎方式（冲击、压碎、挤压、剪切或切削、磨削等）以及不同的破碎参数的合理组合，才能取得较好的破岩效果。

3. 岩石的硬度

1）岩石硬度的概念

岩石的硬度是岩石抵抗其他物体表面压入或侵入的能力。

岩石的硬度与抗压强度有联系，但又有很大区别。硬度只是固体表面的局部对另一物体压入或侵入时的阻力，而抗压强度则是固体抵抗整体破坏时的阻力，因而不能把岩石的抗压强度作为硬度的指标。

岩石及矿物硬度的测量与表示方法有很多种，这里仅介绍石油钻井中常用的两种。

（1）摩氏硬度。

这是一种流行的、简单的硬度表示方法，它表示了岩石或其他材料的相对硬度。测量方法是用两种材料互相刻划，在表面留下擦痕者则硬度较低。以 10 种矿物为代表，作为摩氏硬度的标准，依次是：滑石（1 度）、石膏（2 度）、方解石（3 度）、萤石（4 度）、磷灰石（5 度）、长石（6 度）、石英（7 度）、黄玉（8 度）、刚玉（9 度）、金刚石（10 度）。

岩石中矿物的摩氏硬度是选择破岩工具的重要参考依据，若在岩石中占一定比例的矿物的摩氏硬度达到或接近破岩工具工作部位材料的硬度，则工具磨损很快。

（2）压入硬度（史氏硬度）。

岩石的压入硬度是苏联学者史立涅尔提出的，也称史氏硬度，可定义为岩石发生脆性破碎的瞬时作用在单位面积上的力。压入硬度的测试装置如图 2-3 所示。图 2-5 中的三类岩石压入硬度的计算方法如下：

对于脆性岩石和塑脆性岩石，最终都产生了脆性破碎，其压入硬度为

$$p_y = \frac{f}{S} \tag{2-3}$$

式中　p_y——岩石的压入硬度，MPa；

　　　f——产生脆性破碎时压头上的力，N；

　　　S——压头的底面积，mm^2。

对于塑性岩石，并不发生脆性破坏，因此取产生屈服（即从弹性变形开始向塑性变形转化）时的力 f_0 代替 f，计算式如下：

$$p_y = \frac{f_0}{S} \tag{2-4}$$

岩石的压入硬度与抗压强度是两个不同的概念。抗压强度是岩石整体破坏时的应力值，而压入硬度是压头对岩石局部压入时的抗压入强度。当压头压入岩石时，在压强作用下，发生纵向压缩和横向膨胀，但这两个方向上的变形都要受到周围岩石的阻力，压头下岩石处于多向压缩的应力状态，所以岩石的压入硬度实际上反映了岩石在多向应力状态下的抗压入能力。因而不能把岩石的压入硬度与单向应力状态下的抗压强度混为一谈。试验证明，压入硬度和抗压强度之比为 5~20。如花岗岩抗压强度为 117~225MPa，而其压入硬度则为 3430~6076MPa。

通过大量试验，参照我国石油钻井使用的钻头类型，按岩石压入硬度的大小，可将岩石分为六类十二级（这种分法仅是在室内试验基础上大致划分的，主要用于建立不同地区或同一地区不同井段岩石硬度的对比依据），如表 2-4 所示。

表 2-4 岩石按压入硬度的分类

类别	软		中软		中硬		硬		坚硬		极硬	
级别	1	2	3	4	5	6	7	8	9	10	11	12
100MPa	≤1	1~2.5	2.5~5	5~10	10~15	15~20	20~30	30~40	40~50	50~60	60~70	>70

石油钻井中常遇到的泥岩多为 1~2 级，泥板岩为 3~4 级，泥灰岩及石灰岩为 4~6 级，白云岩为 5~7 级，粉砂岩为 3~5 级，砂岩为 4~8 级，石英及燧石等均在 9 级以上。

2）影响岩石硬度的因素

影响岩石硬度的因素和影响强度的因素类似，即造岩矿物的成分、颗粒度、孔隙度、胶结物的性质等，如砂岩的硬度随胶结物的强度增大而增大。一般规律是：硅质胶结物的硬度大于铁质胶结物的硬度，铁质胶结物的硬度大于钙质胶结物的硬度，钙质胶结物的硬度大于泥质胶结物的硬度。

需要注意的是，层理对硬度的影响与对强度的影响相反，垂直于层理方向的硬度值最小，而平行于层理方向的硬度值最大，其原因主要是沿层理方向颗粒定向排列而使硬度升高。故钻井时在垂直于层理方向上钻进，岩石比较容易破碎。这一点对掌握井斜规律和定向钻井中利用地层规律造斜具有重要意义。

三、井底条件下岩石机械性质的影响因素

钻井过程中，特别是在井较深时，井底岩石处于高温、高压和多向压缩条件下，且井眼周围岩石与钻井液接触，岩石的机械性质发生了很大变化，认识和研究这种条件下岩石的机械性质及其影响因素，对指导钻井工程实践具有重要意义。

1. 井底条件

石油钻井所涉及的地层深度通常在 1000~8000m，岩石所处围压可高达 200MPa，温度可高达 200℃，孔隙压力可高达 200MPa。

1）温度

在所钻达的深度范围内，一般的地温梯度为 3℃/100m，高的可超过 4℃/100m。

2）接触介质

采用常规钻井液钻井时，岩石的破碎是在液体介质（通常含有水）中进行的，井壁及

井底岩石一直保持与液体介质的接触；若用气体作为循环介质，则岩石的破碎是在高压气体介质（如氮气、空气等）中进行的，井壁及井底岩石一直保持与气体介质的接触。

3）受力状态

井眼周围地层岩石受力包括上覆岩层压力、岩石内孔隙的压力、水平地应力、钻井液液柱压力。

上覆岩层压力为覆盖在井眼周围地层岩石以上的压力，它来源于上部岩石的重力。上覆岩层压力与岩石内孔隙流体压力的差称为有效上覆岩层压力。

水平地应力来自垂直方向上的上覆岩层压力和地质构造力。垂直方向上的上覆岩层压力是产生一部分水平地应力的来源，如果地层是水平方向同性的，则这部分水平地应力在水平方向上是均匀分布的，可以认为只和该岩层的泊松比有关。另一部分水平地应力来源于地质构造力，它在水平的两个主方向上一般是不相等的，但都随埋藏深度的增加而线性增大，与有效上覆岩层压力成正比。

上覆岩层压力和水平地应力都是由于地下岩石之间的作用而产生的应力，统称为地应力。

2. 岩石机械性质的影响因素

1）水的影响

许多研究者发现，岩石中所含的水使岩石的强度下降，且含水量越大，强度下降越多。

岩石中的水通常以两种方式赋存，一种称为结合水（或称束缚水），一种称为重力水（或称自由水）。结合水是由于矿物对水分子的吸附力超过了重力而被束缚在矿物表面的水，水分子运动主要受矿物表面势能的控制，这种水在矿物表面形成一层水膜。重力水不受矿物表面吸着力控制，其运动主要受重力作用控制。

它们对岩石机械性质的影响主要体现在以下五个方面：连接作用、润滑作用、水楔作用、溶蚀及潜蚀作用、孔隙压力作用。前三种作用是结合水产生的，后两种作用是重力水造成的。

（1）连接作用：束缚在矿物表面的水分子通过其吸引力作用将矿物颗粒拉近、接紧，起连接作用。这种作用在松散土中是明显的，但对于岩石，由于矿物颗粒间的连接强度远远高于这种连接作用，因此这种作用对岩石的机械性质的影响是微弱的。此种作用在钻井过程中可忽略。

（2）润滑作用：由可溶盐、胶体矿物联结的岩石，当有水浸入时，可溶盐溶解，胶体水解，使原有的联结变成水胶联结，导致矿物颗粒间连接力减弱，摩擦力降低，水起到润滑剂的作用。在钻井过程中，此种作用对含黏土矿物多的岩石的机械性质影响最大。

（3）水楔作用：当两个矿物颗粒靠得很近，有水分子补充到矿物表面时，矿物颗粒利用其表面吸着力将水分子拉到自己的周围，在两个颗粒接触处，吸着力作用使水分子向两个矿物颗粒之间的缝隙内挤入，这种现象称水楔作用。

当岩石受压时，如压应力大于吸着力，水分子就被压力从接触点中挤出；反之，如压应力减小至低于吸着力，水分子又挤入两个颗粒之间，使两个颗粒间距离增大。这样便产生两种结果：一是岩石体积膨胀，如岩石处于不可变形的条件，则产生膨胀压力；二是水胶联结代替胶体及可溶盐联结，产生润滑作用，岩石强度降低。

在石油钻井过程中，水楔作用的影响在很大程度上取决于岩石中孔隙和原始裂缝的存在。孔隙和裂缝为水深入岩石创造了条件，只有在这种条件下，岩石的强度才会受到显著的影响。

（4）溶蚀及潜蚀作用：岩石中渗透水在其流动过程中可将岩石中可溶物质溶解带走，有时将岩石中小颗粒冲走，从而使岩石强度大为降低，变形加大，前者称为溶蚀作用，后者称为潜蚀作用。当渗透水为酸性或碱性时，极易出现溶蚀作用；当水压梯度很大时，孔隙度大的岩石易产生潜蚀作用。

2）加载速度的影响

做单轴压缩试验时，施加载荷的速度对岩石的变形性质和强度指标有明显影响。加载速度越快，获得的强度指标值越高。试验表明，在高速加载（例如冲击试验）时所测得的岩石抗压强度值要比低速加载（例如一般材料试验机的加载）时大得多。

旋转钻井中牙轮钻头的冲击速度并不大，在该范围内对岩石的机械性质影响不大；但在采用空气锤的冲旋钻井过程中，空气锤钻头的冲击速度对于岩石机械性质的影响有待进一步研究。

3）地应力的影响

美国盐湖城的全尺寸钻头模拟钻井试验结果表明，当上覆岩层压力和水平地应力均在0~35MPa范围内时，无论上覆岩层压力还是水平地应力均对钻进速度没有明显影响。

理论分析表明，无论是垂直的上覆岩层压力还是水平的地应力（均匀的或非均匀的）都会影响井壁岩石的应力状态，从而影响到井壁的稳定。当井壁岩石的最大和最小主应力的差值越大时，问题表现得越严重。如果井内钻井液密度太小，一些软弱岩层就会产生剪切破坏而坍塌，或者出现塑性流动使井眼产生缩径；如果井内钻井液密度过大，又会使一些地层破裂（压裂）。地层的破裂压力取决于井壁上的应力状态，而这个应力状态又和地应力的大小紧密相关。

4）液柱压力和孔隙压力的影响

（1）液柱压力的影响。

钻井时井底岩石如果是不渗透的，且无孔隙流体时，则增大钻井液液柱压力如同增大围压一样，将使岩石的硬度增加、塑性增大，岩石的破碎随液柱压力的增加逐步由脆性向塑性转变。

故随着井的加深或钻井液密度的增大，钻速下降，不仅是由于岩石硬度的增大，而且也由于其塑性的增加。因此钻井液液柱压力对钻速有明显的影响，液柱压力增大，则岩石破碎体积减小，破岩能量的消耗增加，钻进速度降低，而且岩石越软影响越显著。因此钻井时，应采用低固相、低密度的钻井液，使井底压差达到最小以提高钻速。

（2）孔隙压力的影响。

若岩石孔隙中含有流体并且有一定的孔隙压力，则增加孔隙压力会降低岩石的强度和塑性。在室温及0~69MPa围压下进行的三轴应力试验表明，岩石的强度只决定于有效应力（围压与孔隙压力之差）的大小，即在不同的围压和孔隙压力组合下，只要有效应力相同，则岩石的强度相同，有效应力减小则岩石强度和塑性降低。因此，围压一定时，增加孔隙压力，相当于减小有效应力，从而使岩石强度和塑性降低。

增大孔隙压力将使岩石由塑性破碎转变为脆性破碎。当围压一定时，只需稍微减小孔隙压力，岩石的强度便可大幅度提高。在钻井工作中，孔隙压力有助于岩石的破碎从而提高钻进速度。

5）温度的影响

试验表明，当温度超过150℃以后，温度对岩石机械性质的影响将变得十分明显。对于石油钻井来说，世界上井深超过7000m的深井不断增多，甚至还在计划钻更深的井，井底温度可高达200℃，井底岩石孔隙压力及所处围压可高达200MPa，因此，了解高温、高压共同作用下岩石机械性质的变化对于石油钻井来说很有必要。

对于钻井来说，随着所钻地层深度的增加，作用于其上的压力和温度是同时增大的，因此，如不考虑压力的作用只单独研究温度的影响就没有多大意义。

图2-6给出了随着埋藏深度的变化（考虑到温度和压力同时随深度而变化），一些沉积岩强度的变化情况。对比图2-6与图2-2，就可以看出温度对岩石强度的影响，因为在图2-2中只考虑了围压的作用而未考虑温度的影响。

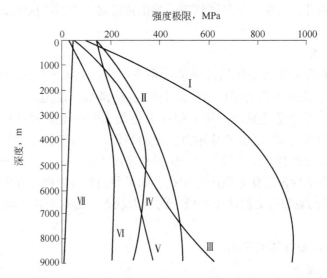

图2-6　岩石强度随其埋深而变化的情况（据刘希圣，1988）

Ⅰ—Oil Creek 石英砂岩；Ⅱ—Hasmark 白云岩；Ⅲ—Blain 硬石膏；Ⅳ—Yule 大理岩；
Ⅴ—Barns 砂岩及 Maianna 石灰岩（曲线重合）；Ⅵ—Muddy 页岩；Ⅶ—盐岩

图2-6表明，在所试验的沉积岩中，强度最大的是硅质砂岩（Oil Creek 石英砂岩），而强度最小的是盐岩。盐岩在9000~10000m深处的强度要比在地面上的强度小7/8左右，它是沉积岩中唯一在深处的强度小于地面强度的岩石。再加上盐岩具有很强的塑性变形能力，因此，钻遇盐丘时常遇到井眼缩径、卡钻，下套管后发生套管挤扁甚至断裂等严重事故。

四、岩石的研磨性

钻进过程中，岩石被钻头破碎的同时，也对钻头产生磨损。岩石对钻头的磨损能力称为岩石的研磨性。

对钻井而言，岩石的研磨性表现在对钻头刃部表面的磨损，即研磨性磨损。它是由钻头工作刃与岩石相摩擦的过程中产生微切削、刻划、擦痕等所造成的。这种研磨性磨损除了与摩擦副材料的性质有关外，还取决于摩擦的类型和特点、摩擦表面的形状和尺寸（例如表面的粗糙度）、摩擦面的温度、摩擦的速度、摩擦体间的接触压力、磨损产物的性质和形状及其清除情况、参与摩擦的介质等因素。因此，研磨性磨损是个十分复杂的问题。然而，研究岩石的研磨性对于正确地设计和使用钻头、提高钻头进尺是有重要意义的。

测定岩石研磨性的方法，迄今尚无统一的标准。许多研究者提出了各种不同的方法，这些方法归纳起来主要有：钻磨法、磨削法、微钻头钻进法、圆盘磨损法等。苏联学者史立涅尔等用圆盘磨损法（其实质是确定一个转动的金属圆环在岩石表面上相互摩擦时的磨损量，以此作为度量岩石研磨性的指标）对各种岩石的研磨性进行了比较详尽的试验研究。

根据史立涅尔等的试验结果，可以认为：

（1）盐岩、泥岩和一些硫酸盐岩、碳酸盐岩（当不含有石英颗粒时）属于研磨性最小的岩石。

（2）石灰岩和白云岩等属于低研磨性的岩石。

（3）岩浆岩的研磨性一般属于中等或较高，取决于这些岩石中所含长石和石英成分的多少以及颗粒度和多晶矿物间的硬度差。含长石及石英成分少、粒度细、矿物间的硬度差小，则研磨性小些；反之，则研磨性较高。含有刚玉矿物成分的岩石应属于高研磨性的岩石。

（4）碎屑沉积岩的研磨性主要视其石英颗粒的含量及其胶结强度而定。石英颗粒含量越多、粒度越粗、胶结强度越小的岩石，其研磨性越高；反之，石英颗粒的含量少、颗粒细、胶结强度大的岩石，则其研磨性较低。

五、岩石的可钻性

岩石的可钻性是岩石抗破碎的能力，可以理解为在一定钻头规格、类型及钻井工艺条件下岩石抵抗钻头破碎它的能力。可钻性的概念，已经把岩石性质由强度、硬度等比较一般性的概念，引向了与钻孔有联系的概念，在实际应用方面占有重要的地位。通常钻头选型、制定生产定额、确定钻头工作参数、预测钻头工作指标等都以岩石可钻性为基础。

岩石可钻性是岩石在钻进过程中显示出的综合性指标。它取决于许多因素，包括岩石自身的物理力学性质以及破碎岩石的工艺技术措施。岩石的物理力学性质主要包括岩石的硬度（或强度）、弹性、脆性、塑性、颗粒度及颗粒的连接性质；工艺技术措施包括破岩工具的结构特点、工具对岩石的作用方式、载荷的性质、破岩能量的大小、孔底岩屑的清除情况等，因此，岩石的可钻性与许多因素有关，适合于油气井钻井条件的岩石可钻性问题仍尚未彻底解决。岩石可钻性只能在某种具体破碎方法和工艺规程下，通过试验来确定。

岩石可钻性的测定和分级方法并不统一。不同部门所用钻井方法不同，测定可钻性的实验方法不尽相同；不同的国家及地区的测定方法、测定条件及分类方法也不尽相同。其中牙轮钻头钻井时岩石可钻性的研究以罗劳（Rollow A. G）在 1962 年提出的微型钻头钻进法较为完善。在罗劳法的基础上，我国石油界也进行了这方面的研究工作，在石油大学尹宏锦教授等研究人员多年研究结果的基础上，我国石油系统岩石可钻性测定及分类方法于 1987 年确定，此分类方法是用微型钻头在岩样上钻孔，通过实钻钻时确定岩样的可钻性。具体方法是在岩石可钻性测定仪（即微钻头钻进实验架）上采用直径为 31.75mm（1¼in）的微型钻头，以 889.66N 的钻压、55r/min 的转速在岩样上钻三个深度为 2.4mm 的孔，取三个孔钻进时间的平均值作为岩样的钻时 t_d，对 t_d 取以 2 为底的对数值作为该岩样的可钻性级值 K_d，一般 K_d 取整数值。

$$K_d = \log_2 t_d \qquad (2-5)$$

我国将地层可钻性按 K_d 的整数值分为 10 级，见表 2-5。地层可钻性级别越高，表示越难钻。

表 2-5　地层可钻性分类表

t_d, s	<4	4~8	8~16	16~32	32~64	64~128	128~256	256~512	512~1024	>1024
级别	1	2	3	4	5	6	7	8	9	10

六、岩石的可压性

岩石是一种非均质、各向异性、非连续而且内部存在应力的复合地质结构。岩石力学性质（mechanical properties of rocks）是岩石在施加外界应力的条件后所反映出的弹性、抗压抗拉性、硬度、脆性韧性等性质。各种性质差异的岩石在受到应力作用发生形变破裂时，其应力应变关系和所产生的破裂情况等都有所差异。岩石力学参数用来反映岩石破碎情况和材料稳定性两方面的性质，即不同岩石在不同物理环境中各种应力状态下的变形以及破坏规律。因此利用岩石力学参数表达脆性指数是最为直接有效的方法。

岩石可压性评价是储层压裂改造层位优选、压后产能评估的重要基础工作。

可压性为表征材料脆性与断裂韧性的指标，脆性较高的页岩可压性较高，脆性较低的页岩可压性较低。

1. 岩石脆性

岩石脆性是指岩石承受载荷发生破坏时表现出的一项基本特性，主要体现在微小的形变就能使其破坏，失去承载能力，反映了在载荷作用下岩石的变形及破裂特性，以及在压裂改造过程中影响裂缝的数量和形态，一般用脆性指数表征。脆性指数的计算主要基于强度参数、弹性参数、矿物成分和含量、硬度和应力—应变曲线等途径，具体如表 2-6 所示。

表 2-6　常见脆性指数 B 的计算方法

计算公式	符号说明	分类依据
$B = \sigma_c / \sigma_t$	σ_c 为单轴抗压强度；σ_t 为劈裂抗拉强度	强度参数
$B = (\sigma_c - \sigma_t)/(\sigma_c + \sigma_t)$		
$B = \sigma_c \sigma_t / 2$		
$B = \sqrt{\sigma_c \sigma_t / 2}$		
$B = (\bar{E} + \bar{v})/2$	$\bar{E}$ 为弹性模量均值；$\bar{v}$ 为泊松比均值；α 为岩石内摩擦角	弹性参数
$B = \sin\alpha$		
$B = 45° + \alpha/2$		
$B = (W_{qtz} + W_{card})/W_{total}$	$W_{qtz} + W_{card}$ 为脆性矿物含量；W_{total} 为总矿物含量；S_{20} 为粒径小于 11.2mm 的碎屑岩所占百分比；q 为粒径小于 0.6mm 的碎屑岩所占百分比	矿物成分和含量
$B = S_{20}$		
$B = q\sigma_c$		
$B = (H_\mu - H)/K$	H_μ 为岩石微观硬度；H 为岩石宏观硬度；K_{IC} 为断裂韧性；E 为弹性模量	硬度
$B = H/K_{IC}$		
$B = HE/K_{IC}^2$		

续表

计算公式	符号说明	分类依据
$B=(\tau_{\mathrm{p}}-\tau_{\mathrm{rem}})/\tau_{\mathrm{p}}$	τ_{p} 为峰值强度；τ_{rem} 为残余强度；ε_{p} 为峰值应变；$\varepsilon_{\mathrm{rem}}$ 为残余应变；$\varepsilon_{\mathrm{rec}}$ 为可恢复应变；ε 为总应变；W_{rec} 为可恢复应变能；W 为总应变能；M 为峰后弹性模量；k_{ac} 为峰后应力降斜率	应力—应变曲线
$B=(\varepsilon_{\mathrm{p}}-\varepsilon_{\mathrm{rem}})/\varepsilon_{\mathrm{p}}$		
$B=\varepsilon_{\mathrm{rec}}/\varepsilon$		
$B=W_{\mathrm{rec}}/W$		
$B=(M-E)/M$		
$B=E/M$		
$B=\dfrac{\tau_{\mathrm{p}}-\tau_{\mathrm{rem}}}{\tau_{\mathrm{p}}}\cdot\dfrac{\lg|k_{\mathrm{ac}}|}{10}$		
$B=F_{\max}/d$	$F_{\max}$ 为最大冲击载荷；d 为贯入深度；f_{inc} 为载荷增量；f_{dec} 为载荷减量	贯入实验
$B=f_{\mathrm{inc}}/f_{\mathrm{dec}}$		
$I_{\mathrm{sh}}=\dfrac{SH_{\mathrm{log}}-G_{\min}}{G_{\max}-G_{\min}}$ $V_{\mathrm{sh}}=\dfrac{2^{GCUR\cdot I_{\mathrm{sh}}}-1}{2^{GCUR}-1}$	I_{sh} 为泥质含量相对值；V_{sh} 为泥质含量；SH_{log} 为测井值；$G_{\min}$ 为砂岩测井值；$G_{\max}$ 为泥岩测井值；$GCUR$ 为经验系数，中生代及以前的老地层取值2，新地层取值3.7	泥质含量

研究发现，部分计算方法具有一定片面性，不能真实反映岩石脆性；有些技术指标需要通过繁琐的实验获得，成本高且随机性大。因此，从岩石应力—应变全曲线入手，通过分析峰前和峰后岩石破坏过程计算岩石脆性的方法越来越受到重视。但是该方法获得的仅是部分点数据，建立与现场数据的拟合关系进而获得连续地层的脆性指数还需要进一步研究确定。

1）矿物成分法

一般认为，石英、长石等成分为脆性矿物，其占比越高，岩石所表现的脆性特征越明显，通过矿物成分含量确定储层岩石脆性指数的计算方法为

$$B_{\mathrm{rit1}}=\frac{W_{\mathrm{qtz}}+W_{\mathrm{card}}}{W_{\mathrm{total}}} \tag{2-6}$$

式中 B_{rit1}——通过含量确定的岩石脆性指数；

W_{qtz}——石英和长石含量，%；

W_{card}——碳酸盐岩含量，%；

W_{total}——岩石总矿物成分含量，%。

据岩心观察、CT 扫描及 X 射线衍射实验分析可以得出研究区的岩石中各种矿物成分和含量。

2）弹性模量—泊松比法

弹性模量反映了岩石被压裂后保持裂缝的能力，泊松比反映了岩石在压力下破裂的能力。研究表明，弹性模量越高，泊松比越低，脆性越强。

基于测井数据计算储层致密砂岩力学参数的理论模型已较为成熟，该方法方便、简洁。基于岩石三轴试验和声发射实验建立深层致密砂岩动静态转换公式，通过研究区数据进行处理，即可确定研究区不同深度地层的静态力学参数，并对两者进行归一化处理，采用弹性模量—泊松比法确定了研究区储层岩石脆性指数：

$$E_{\mathrm{Brit}}=(E-E_{\min})/(E_{\max}-E_{\min})$$

$$\mu_{\text{Brit}} = (\mu_{\max} - \mu)/(\mu_{\max} - \mu_{\min})$$

$$B_{\text{rit2}} = (E_{\text{Brit}} + \mu_{\text{Brit}})/2$$

式中　E_{Brit}、μ_{Brit}——归一化的弹性模量和泊松比；

　　　$E_{\max}$、$E_{\min}$——研究区储层岩石弹性模量极大值和极小值，GPa；

　　　$\mu_{\max}$、$\mu_{\min}$——研究区储层岩石泊松比极大值和极小值；

　　　B_{rit2}——通过弹性模量—泊松比法确定的岩石脆性指数。

综合考虑矿物成分法和弹性模量—泊松比法结果，采用乘积法构建了研究区脆性指数的计算方法：

$$B_{\text{rit}} = B_{\text{rit1}} + B_{\text{rit2}} \tag{2-7}$$

2. 岩石断裂韧性

断裂韧性指岩石在受到压力发生断裂后，产生的裂缝靠岩石结构特性保持扩展的强弱情况。线弹性断裂力学按岩石断裂后的断裂裂开样式将压裂缝分为张开型（Ⅰ型）、错开型（Ⅱ型）和撕开型（Ⅲ型）三类。一般生产中的页岩气储层中经过水力压裂改造，产生的人造裂缝通常是以张开型和错开型两种为主，部分复杂地应力场和岩性差异较大的地层产生混合裂缝。

根据线性断裂理论，地层中发育的微裂缝能够继续拓展延伸的前提是：应力强度因子 K_{I} 持续上升至 K_{IC}。微裂缝能否延伸的难易程度，是由断裂韧性的数值大小决定的。断裂韧性值越小，表明该裂缝越容易延伸，则越有利于水力裂缝沟通其他天然微裂缝。仅仅依靠弹性模量参数与泊松比不能客观描述储层的可压裂性，而断裂韧性则是一项表征储层压裂难易程度的重要指标。

断裂韧性与表面自由能具有很好的正相关关系，岩石储层断裂韧性越小，则经过水力压裂后造缝时所需的能量消耗越小，那么该储层的造缝能力就越强，这样的储层层段是水力压裂优选层段。将断裂韧性表示裂缝延伸的机理应用到估算压裂缝长上面，就可以有效预测压裂高度，其中零围压下断裂韧性可以表示为

$$K_{\text{IC}}^{0} = 0.0059S_{\text{t}}^{3} + 0.093S_{\text{t}}^{2} + 0.517S_{\text{t}} - 0.3322 \tag{2-8}$$

式中　K_{IC}^{0}——零围压下的断裂韧性；

　　　S_{t}——抗拉强度。

当围压为 p_{w} 时，断裂韧性表达式为

$$K_{\text{IC}} = 0.2176p_{\text{w}} + K_{\text{IC}}^{0} \tag{2-9}$$

式中　K_{IC}——断裂韧性。

另外，根据 Irwin 断裂力学理论，对于最常见的Ⅰ型裂纹，当 K_{I} 达到岩石断裂韧性时，裂缝开始发生扩展。断裂韧性反映了储层岩石压裂改造的难易程度，主要体现在维持压裂裂缝扩展的能力。由于断裂韧性实验繁琐、随机性大，断裂韧性的计算主要基于陈治喜、Sierra 等人建立的断裂韧性与抗拉强度拟合公式，但该公式对深层致密砂岩的适用性有待研究。

储层岩石的破坏行为本质上是能量耗散和释放的宏观体现。断裂能，尤其是峰后断裂能作为反映裂纹扩展所消耗的能量，是决定岩石是否发生断裂的本质因素。储层岩石破坏全过程的能量演化可以分为四个阶段，如图 2-7 所示。

鉴于此，可从能量角度出发，基于岩石三轴试验建立不同围压下峰后断裂能密度与静态弹性模量的拟合公式，利用峰后断裂能密度定量表征研究区致密砂岩断裂韧性。

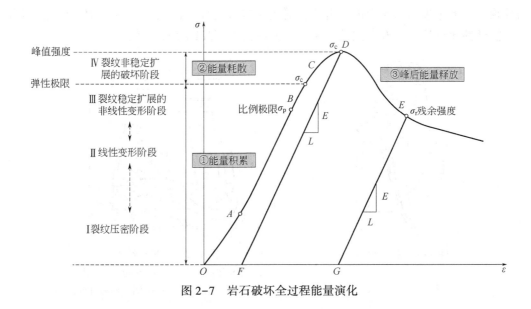

图 2-7　岩石破坏全过程能量演化

第二节

钻头

　　钻头是破碎岩石、形成井眼的主要工具，它直接影响着钻井速度、钻井质量和钻井成本。如果能用少量钻头迅速钻完一口井，那将会使整个钻进过程中起下钻次数减少、建井速度加快、钻井成本降低。因此，选择破碎效率高、坚固耐用的钻头，就具有特别重要的意义。

一、钻头类型

1. 刮刀钻头

　　刮刀钻头是旋转钻井中最早使用的一种钻头。这种钻头结构简单，制造方便。刮刀钻头适用于松软—软的地层，如泥岩、页岩和泥质胶结的砂岩等地层，可以取得很高的机械钻速和钻头进尺；但是在硬而研磨性高的地层中钻进，刀片吃入困难，钻头磨损快，机械钻速低，有时还出现蹩跳现象，对钻具和设备寿命有一定影响。

　　虽然如此，只要正确地使用，充分发挥刮刀钻头在软地层中钻进的优势，对提高钻进速度、降低钻进成本仍然是有效的。常见的刮刀钻头如图 2-8 所示。

2. 牙轮钻头

　　牙轮钻头是石油钻井中使用最广泛的钻头。这是由于牙轮钻头旋转时具有冲击、压碎和剪切破碎岩石的作用，牙齿与井底的接触面积小，比压高，工作扭矩小，工作刃总长度大，因而能适用于多种性质的岩石。常用的牙轮钻头为三牙轮钻头，如图 2-9 所示。

　　牙轮钻头按牙齿材料不同分为铣齿（也称钢齿）和镶齿（也称硬质合金齿）两大类。

铣齿牙轮钻头的牙齿均为楔形齿，由牙轮毛坯直接铣削加工而成，如图 2-10 所示。镶齿的硬度和抗磨性比铣齿高，寿命比铣齿长。常见镶齿类型如图 2-11 所示。

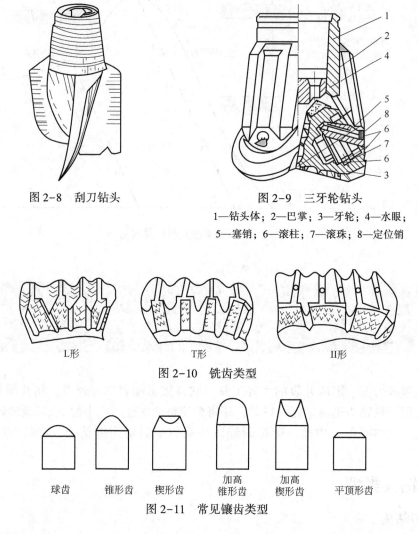

图 2-8　刮刀钻头

图 2-9　三牙轮钻头

1—钻头体；2—巴掌；3—牙轮；4—水眼；

5—塞销；6—滚柱；7—滚珠；8—定位销

| L形 | T形 | II形 |

图 2-10　铣齿类型

| 球齿 | 锥形齿 | 楔形齿 | 加高锥形齿 | 加高楔形齿 | 平顶形齿 |

图 2-11　常见镶齿类型

3. 金刚石钻头

以金刚石作为工作刃的钻头称为金刚石钻头。金刚石钻头早期是在地质钻探中使用，且只用在极硬地层和研磨性大的地层。近年来金刚石钻头技术取得了飞跃性的进展，金刚石钻头品种增加，使用范围扩大，取得了令人满意的效果。历年开发的金刚石钻头品种主要有 1940 年的天然金刚石钻头、1978 年的聚晶金刚石复合片（PDC）钻头、1983 年的巴拉斯（Ballaset）钻头（热稳定聚晶金刚石钻头）、1985 年的马赛克（Mosaic）钻头和 1987 年的大复合片 PDC 钻头。其中，天然金刚石钻头和大复合片 PDC 钻头在各油田使用较多，并取得引人注目的经济效益。

金刚石钻头已不再是只能打坚硬地层的天然金刚石钻头单一品种，而是形成一个能钻进从极软到极硬地层的完整系列。由于金刚石钻头能在低钻压、高转数下取得高钻速和高进尺，所以在许多钻井作业中能取得牙轮钻头无法比拟的技术—经济效益，成为快速钻井、防斜钻井、定向钻井、超深钻井、海洋钻井、高温钻井、井下动力钻具旋转钻井中高效、经济、安全的优良钻井工具。

金刚石钻头近年来取得了飞跃发展，是它适应了世界上石油钻井向海洋发展、向深井发展、向定向丛式钻井发展的结果，它已成为井下动力钻具（涡轮钻、螺杆钻）旋转钻井发展的必不可少的配套工具。

金刚石钻头技术取得飞跃发展的另一原因是近年来高温高压物理技术及超硬材料技术的进步，出现了聚晶人造金刚石复合片、大尺寸（直径可达 2in）复合片及热稳定聚晶金刚石切削块等新材料。没有材料科学上的进步，金刚石钻头新产品的发展将举步维艰。

由于钻机维持费用高昂，井下情况复杂（高压、高温、高密度钻井液、脆性岩石在深部转化为拟塑性岩石，以及地层的膨胀、坍塌、漏失等），需用高效、高安全度的钻头来代替牙轮钻头，以减少频繁的起下钻换钻头、打捞井底牙轮钻头落物、清理井下事故等作业。定向钻井及井下动力钻具旋转钻井需要低钻压高转速钻头，这是牙轮钻头难以适应的。

1）金刚石钻头的结构

各种系列的金刚石钻头具有基本相似的结构，由以下几个主要部分组成：切削元件、胎体（包括浸渍金属）、钢体、接头、喷嘴（或水眼），如图 2-12 所示。

PDC 钻头、大复合片 PDC 钻头、马赛克钻头采用硬质合金喷嘴，其液流总面积（TFA）等于喷嘴截面积之和；天然金刚石及巴拉斯钻头的液流总面积等于冠顶部位高压水眼横截面积之和并加一附加系数（考虑金刚石及聚晶块的出刃）。

2）钻头切削元件

不同的钻头系列使用不同的切削元件。金刚石钻头有四种基本的切削元件。

（1）聚晶金刚石复合片——PDC 钻头及大复合片 PDC 钻头的切削元件，如图 2-13 所示。

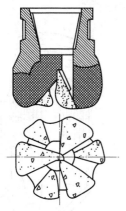

图 2-12　金刚石钻头

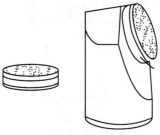

图 2-13　聚晶金刚石复合片

聚晶金刚石复合片是在 160℃、6000~8000MPa 下由六面及双面顶压机一次烧结出来的复合材料。随着高温高压技术的进步，复合片直径由原来的½in 增大至 1in、1½in、2in。复合片上部为聚晶金刚石薄层（0.6~0.635mm），是切削元件锋锐的刃口，硬度及耐磨性极高，但抗冲击韧性差；下部为碳化钙基片，其耐磨性仅为金刚石聚晶层的 1/100，所以在钻井过程中易于形成"自锐"，同时其抗冲击性好，为金刚石层提供良好的弹性依托。

图 2-14　PDC 钻头

标准 PDC 钻头的复合片尺寸为 ϕ13.44mm×8mm，是在钻头烧结后采用熔点较低的 Ag-Cu 合金铅焊于钻头胎体孔穴上的。PDC 钻头如图 2-14 所示。

（2）热稳定聚晶块——巴拉斯钻头切削元件，有 Geooet、Syndax、THpax 几种产品，基本形状为等边三角形或圆柱片。标准巴拉斯钻头的聚晶块尺寸为 4mm（边长）×2mm（厚）。

热稳定聚晶块是在复合片基础上发展起来的新材料。聚晶金刚石复合片中的聚晶金刚石以钴（Co）为黏结剂，由于钴与金刚石之间膨胀系数差异较大（钴的膨胀系数为 $1.2×10^{-5}℃^{-1}$，金刚石的膨胀系数为 $2.7×10^{-6}℃^{-1}$），所以当钻头钻进由摩擦热产生高温时，钴的膨胀导致金刚石晶粒间的热压力裂纹及剥落，当复合片工作温度达到 730℃ 时，其切削能力直线跌落。热稳定聚晶块就是采用化学方法将金刚石聚晶块中的钴滤析掉，以实现晶粒之间的 C—C 连接，或采用热敏感较低的非金属材料作为催化剂，其工作温度可提高到 1200℃。因此，PDC 钻头只适用于钻进产生摩擦热较少的软—中软地层，巴拉斯钻头则可适用于钻进中软—中硬并带有一定研磨性的地层。巴拉斯钻头如图 2-15 所示。

（3）马赛克切削块——马赛克钻头切削元件，是由热稳定聚晶块拼合成复合片的尺寸，然后以特殊工艺烧结于钻头胎体上。它既有热稳定聚晶块的耐高温性质，又同时兼具复合片的切削能力。

（4）天然金刚石——天然金刚石钻头的切削元件。金刚石钻头使用的金刚石分为五种：优级（P）金刚石、标准级（R）金刚石、特优级（SP）金刚石、立方体钻石、黑钻石。优级金刚石与标准级金刚石为常用金刚石；特优级金刚石适用于硬及研磨性地层；立方体钻石颗粒大，带棱角，适用于在较软地层中提高钻速，但其抗冲击能力低；黑钻石有最强的抗冲击性，适用于破碎型地层钻进。天然金刚石钻头如图 2-16 所示。

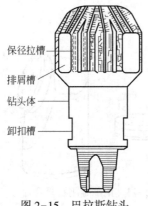

保径拉槽
排屑槽
钻头体
卸扣槽

图 2-15　巴拉斯钻头

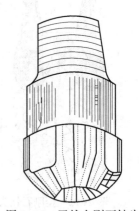

图 2-16　天然金刚石钻头

4. 其他钻头

1）取心钻头

取心钻头（图 2-17）是钻取岩心的工具。它的切削刃分布在同一个圆心的环形面积上，对岩石进行环形破碎，形成岩心。取心钻头的类型很多，有刮刀取心钻头、牙轮取心钻头、金刚石取心钻头等几种，使用最多的是金刚石取心钻头。

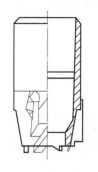

| (a) 刮刀式取心钻头 | (b) 牙轮取心钻头 | (b) 金刚石取心钻头 |

图 2-17　取心钻头

为了提高取心收获率，钻头必须工作平稳。因此，要求钻头上的切削刃对称分布，耐磨性一致，并且底刃平面与钻头中心线垂直，以免钻头工作时歪斜偏磨。在一定的条件下，可以减少钻头的环形切削面积，以增大岩心直径。

2）双心钻头

"双心"的意思是有一个钻头本身旋转轴和一个与井眼同心的轴，这两条轴线之间的距离决定偏心的程度。双心钻头（图 2-18）适用于通过一个较小的井眼或在套管中钻出一个大井径的井眼。双心钻头一般用于钻穿易黏附的流动性盐岩或膨胀性页岩地层，还用于加深井钻进、二次完井、增加套管环空、提高固井质量，以及减少井下扩眼时所伴随的危险。

双心钻头可选用聚晶金刚石复合片、热稳定聚晶块、马赛克切削块和天然金刚石作为切削元件，可采用任意标准的水力结构。双心钻头的几何结构可作变化，以适应各种地层和井下扩眼要求。

3）单牙轮钻头

小尺寸三牙轮钻头，由于结构限制，牙轮轴及轴承都很小，承压能力很低，导致机械钻速较慢、使用寿命短。单牙轮钻头在一定程度上弥补了小尺寸三牙轮钻头的不足。

在结构上，单牙轮钻头只有一个牙轮，牙轮轴及轴承都比同尺寸三牙轮钻头大得多，其承压能力和使用寿命也都大得多，如图 2-19 所示。

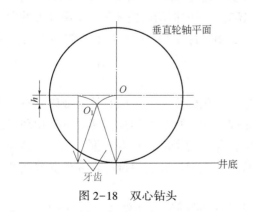
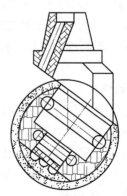

图 2-18　双心钻头　　　　　图 2-19　单牙轮钻头

实践表明，单牙轮钻头的进尺和机械钻速明显高于同尺寸的三牙轮钻头，工作扭矩比聚晶金刚石复合片钻头低得多，其工作特性介于三牙轮钻头与金刚石钻头之间。

二、破岩机理

1. 牙轮钻头的破岩机理

由于牙轮钻头结构的特点以及井底的实际状况，牙轮钻头在井底工作时的运动状态和受力状态比较复杂。虽进行了大量实验研究，但至今仍未有一个完全成熟的理论来圆满解释实际工作中出现的一些现象。因此，对牙轮钻头的破岩原理，只能从理论上进行一些简介。

1）压碎作用与冲击作用

钻头在井底工作时，钻头及其牙轮绕钻头轴线旋转（称"公转"）。由于地层对牙齿的阻力，牙轮同时绕其自身轴线旋转（称"自转"）。牙轮在旋转时，牙齿交替以单双齿轮流接触井底，如图 2-20 所示。

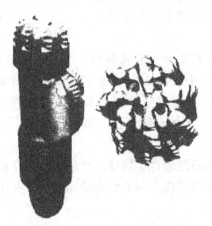

图 2-20　牙轮纵向振动示意图

牙轮以单齿接触井底时，牙轮中心在图 2-18 中的 O 位置；双齿着地时，轮心降低到 O_1；单齿再次接触井底，轮心又升高到 O 位置。如此反复运动，牙轮轴心高度周期性地升高、降低，使钻头产生纵向振动，振幅是轴心的垂直位移 h。每次纵向振动过程中，轴心上行会压缩下部钻柱，轴心下行又使下部钻柱弹性伸长。因此，牙轮钻头在井底破岩时，牙齿作用在岩石上的力不仅有钻压所产生的静载荷，还有因纵向振动而使牙齿以很高速度冲向岩石所产生的动载荷。前者使牙齿压碎岩石，称为压碎作用；后者使牙齿冲击破碎岩石，称为冲击作用。

2）剪切作用

在硬地层中，利用钻头对井底的冲击作用、压碎作用，可以有效地破碎岩石。但在软和中硬地层中，除了要求牙齿对井底岩石有压碎作用、冲击作用外，还要有剪切刮挤的作用才能有效地破碎岩石。剪切刮挤作用来自牙轮在井底的滑动。具有复锥、超顶、移轴等结构的牙轮钻头，可使牙轮在井底产生滑动。现从理论上定性分析单锥超顶牙轮在井底产生滑动的原因，如图 2-21 所示。

将牙轮看成一光滑圆锥，井底和牙轮都是绝对刚体。牙轮与井底接触为一条直线 ba，v_o 表示牙轮随钻头一起转动的线速，v_c 表示牙轮绕牙轮轴转运的线速度。直线 ba 上任一点

相对井底的运动 v_{gx} 均由 v_b 和 v_c 合成，即 $v_{gx}=v_{bx}+v_{cx}$ 呈直线分布，它与 ba 交于 M 点。M 点的合成速度为零，称为纯滚动点，只有滚动，没有滑动。由此可知：具有单锥超顶牙轮的牙轮钻头在井底工作时，牙轮上的牙齿在井底以 M 点为中心，产生切向方向的扭转滑动。

在实际钻井工作中，不同岩性的地层需要不同的滑动量，因此，不同类型的钻头，其移轴距、超顶距和主副锥角差值等都是不同的。地层越软，塑性越大，牙轮滑动量要求越大；反之则越小。

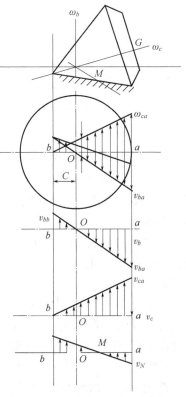

图 2-21　单锥超顶滑动示意图

2. 金刚石钻头的破岩机理

金刚石钻头在井底的工作状况在实际工作中是无法观察的，只能通过室内模拟试验和分析，或从井底返出的岩屑形状来研究金刚石破碎岩石的原理。

1）天然金刚石钻头的破岩机理

天然金刚石钻头破碎岩石的过程可看成是单粒金刚石破碎岩石的过程，每一粒金刚石均可视为一球体。

图 2-22 给出了单粒金刚石切割地层示意图。当钻某些硬地层时，钻头上的每粒金刚石在钻压作用下压入岩石，使下面的岩石处于极高的应力状态而呈现塑性，同时在旋转扭矩的作用下产生切削作用，破碎岩石的体积大体上等于金刚石吃入岩石的位移体积。

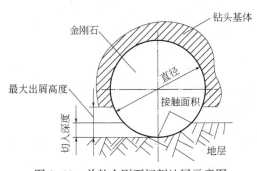

图 2-22　单粒金刚石切割地层示意图

上述金刚石钻头破碎岩石的概念还不能适用于所有的钻井情况。如在一些脆性较大的岩石中，在钻压和扭矩的作用下所产生的应力可使岩石沿最大剪切面产生裂缝。这种情况下，岩石破碎的体积远大于金刚石吃入后位移的体积，脆性较大的岩石破碎深度可达金刚石压入深度的 2~5 倍。金刚石破碎岩石的效果除与岩石性能有关外，还与井筒和地层孔隙流体的压差的大小、钻压大小以及金刚石的几何形状、粒度和出露量有关。

以上分析的是单粒金刚石在静压入作用下旋转、破碎岩石的机理，而实际钻进与试验情况很不相同。在实际工作中，钻头上许多粒金刚石同时作用于井底岩石上，应力分布受到影响。由于井底不平、钻具振动而承受动载、钻井液冲刷等原因，岩石变形和破碎规律发生改变。因此，金刚石破碎岩石的原理更加复杂，还有待进一步研究与探讨。

2）PDC 钻头的破岩机理

PDC 钻头是以切削齿对地层进行切削来破碎岩石的。由于钻头在井下高速旋转以及井下的高温环境，因此井底岩石具有一定的弹性和塑性，整个切削过程与金属切削过程很相似，如图 2-23 所示。

岩石的切削过程实质上是一种挤压过程。在挤压过程中，岩石主要以滑移变形方式成为

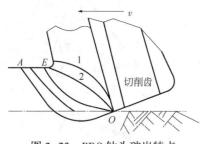

图 2-23　PDC 钻头破岩特点

切屑。当岩石开始接触切削齿的刀刃最初瞬时，接触点的应力使岩石内部产生弹应力和应变；当切削刃逼近岩石时，岩石内部的弹性应力逐渐增大，在岩石内某一位置剪切应力达到岩石的屈服强度，因而岩石开始沿剪切力相等的"初滑移面"滑移（图 2-23 中 OA 面），这个滑移面的左边代表弹性变形区域，右边代表塑性变形区域。

岩石经过 OA 面，当切削刃移动时，滑移变形越来越大。当岩石移到 OE 时，图中岩层 1 和 2 之间将不再沿 OE 滑移，而是一起沿切削齿前倾面流出，所以称 OA 为初始滑移曲线，而称 OE 为终止滑移曲线。

当岩石沿前倾面流出时，由于受到切削齿前倾面的压力和摩擦，切削的底层（靠近前倾面的一层）产生较大的挤压和剪切变形，结果下层膨胀，切屑向前倾面相反方向流出，离开前倾面。

上述是切屑形成的典型过程。切削层首先产生弹性变形，经过切削层滑移和切削层离开切削齿等阶段而完成切削。PDC 钻头底部是凹锥形，其空间体积很小。当钻井液以一定的射流喷射速度喷出并冲击井底时，凹锥形空间形成很高压力，岩屑在此高压力作用下能及时脱离井底流向环空。因此，PDC 钻头在切削破岩时，不存在由压差作用引起的岩屑清除障碍问题。

综上所述，PDC 钻头的破岩机理可概括为：PDC 钻头切削齿在钻压作用下能吃入地层，在扭矩作用下向前移动剪切岩石。由此可以看出，PDC 钻头充分利用了岩石抗剪强度较低的特点，同时不存在类似于牙轮钻头破岩时因压差引起的重复切削问题，因此，PDC 钻头破岩效率比普通刮刀钻头及牙轮钻头要高。

三、钻头系列

1. 国产三牙轮钻头系列

三牙轮钻头标准中规定，根据三牙轮结构特征，产品分成两大类共八个系列，如表 2-7 所示。国产三牙轮钻头型号表示方法如图 2-24 所示。

表 2-7　国产三牙轮钻头系列

类别	系列名称		代号
	全称	简称	
铣齿钻头	普通三牙轮钻头	普通钻头	Y
	喷射式三牙轮钻头	喷射式钻头	P
	滚动密封轴承喷射式三牙轮钻头	密封钻头	MP
	滚动密封轴承保径喷射式三牙轮钻头	密封保径钻头	MPB
	滑动密封轴承喷射式三牙轮钻头	滑动轴承钻头	HP
	滑动密封轴承保径喷射式三牙轮钻头	滑动保径钻头	HPB
镶齿钻头	镶硬质合金齿滚动密封轴承喷射式三牙轮钻头	镶齿密封钻头	XMP
	镶硬质合金齿滑动密封轴承喷射式三牙轮钻头	镶齿滑动轴承钻头	XHP

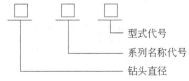

图 2-24 国产三牙轮钻头型号表示方法

例如，用于软地层、直径 215.9mm（8½in）的镶齿滑动密封轴承喷射式三牙轮钻头型号表示方法为 215.9HP2 或 8½HP2。

2. 国际钻井承包商协会钻头统一编号

国外在钻井上使用最多的也是牙轮钻头。牙轮钻头的类型和结构比较繁杂，各厂家生产的钻头虽各有代号，但大都采用国际钻井承包商协会（International Association of Drilling Contractors，IADC）牙轮钻头编号，以便识别和选用。

IADC 钻头编码用三位数字代表，各数字的意义如下所述。

第一位数字表示牙齿特征及所适用地层：

1——铣齿，软地层（低抗压强高，高可钻性）；

2——铣齿，中到中硬地层（高抗压强度）；

3——铣齿，硬地层（中等研磨性）；

4——镶齿，软地层（低抗压强度和高可钻性）；

5——镶齿，软到中硬地层（低抗压强度）；

6——镶齿，中硬地层（高抗压强度）；

7——镶齿，硬地层（中等研磨性）；

8——镶齿，极硬地层（高研磨性）。

第二位数字按所钻地层再由软到硬分为四个等级。

第三位数字表示钻头结构特征：

1——标准型滚动轴承；

2——用空气清洗和冷却的滚动轴承；

3——滚动轴承保径钻头；

4——密封滚动轴承；

5——密封滚动轴承保径齿；

6——密封滑动轴承；

7——密封滑动轴承及保径齿；

8——定向井钻头；

9——其他。

例如，321 第一位数字 3 表示铣齿，硬地层；第二位数字表示硬地层 2 级；第三位数字 1 表示标准型滚动轴承。

又如，817 第一位数字 8 表示镶齿，极硬地层；第二位数字 1 表示极硬地层 1 级；第三位数字 7 表示密封滑动轴承及保径齿。

3. 金刚石钻头

金刚石钻头还没有统一的系列标准，一般只有各生产厂家系列标准。以川石·克里斯坦森公司为例,其金刚石钻头系列如表 2-8 所示。

表 2-8 川石·克里斯坦森公司金刚石钻头系列

系列号	名称	系列号	名称
R	大复合片 PDC 钻头	C	天然金刚石取心钻头
S	巴拉斯钻头	RC	PDC 取心钻头
M(Z)	马赛克钻头	SC	巴拉斯取心钻头
D	天然金刚石钻头		

四、钻头选型

钻头类型的选择对钻井速度影响很大,钻头选型不当往往使得钻井速度慢、成本高。正确地选择钻头,一方面要了解清楚现有钻头的工作原理与结构特点,另一方面还应对所钻地层岩石物理机械性能有充分认识。钻头特性与地层性质的合理匹配是钻头选型的基本出发点。

1. 钻头选型时考虑的因素

(1)研磨性地层。研磨性地层会使牙齿过快磨损,机械钻速降低很快,钻头进尺少,特别会磨损钻头的规径齿以及牙轮背锥与爪尖,使钻头直径磨小、轴承外露,加速钻头的损坏,因此最好选用镶齿钻头。

(2)浅井段与深井段。为了达到最好的经济效果,在浅井段应选用机械钻速较高的钻头类型,深井段应考虑使用寿命长的钻头。如上部松软地层可选用喷射式的 P1 和 P2 型钻头,深部的软地层可选用简易滑动喷射式 HP2 型钻头。这样可达到降低每米成本的目的,特别是在海洋钻井与钻机成本较高的井队,经济效果更为明显。

(3)深部软地层。由生产实践可知,在井深 3000m 以下遇到泥岩、页岩等软地层岩石时,如选用硬地层钻头钻进,机械钻速很低;如选用软地层钻头钻进,又容易造成过多断齿的现象。人们形象地称这种地层为"橡皮地层"。这是由于软岩石在深部处于各向高压状态时,岩石物理机械性能就要改变,岩石的硬度增大,塑性也增大,因而使用主要靠冲击破碎岩石的硬地层钻头类型时,破碎岩石效果差,机械钻速慢;而用软地层钻头加大刮削作用来破碎岩石时易断齿,钻头使用寿命短。对于这种地层,最好的方法是用低固相优质轻钻井液,选择中硬地层钻头类型。

(4)易井斜地层。地层倾角较大是造成井斜的客观因素,而下部钻柱的弯曲与钻头类型选择不当是造成井斜的技术因素。钻头类型与井斜的关系,过去往往不被人们所认识。通过理论分析与试验发现,移轴类型的钻头,在倾斜地层钻进时易造成井斜。所以在易井斜地层,应选用不移轴或移轴量很小的钻头;同时,在保证移轴小的前提下,还应选用比地层岩石软的钻头,这样可以在较低的钻压下提高机械钻速。

(5)软硬交错地层。这种地层一般应选择镶齿钻头中加高楔形齿或加高锥球齿,这样既在软地层中有较高的机械钻速,也能保证应对硬地层。但在钻头钻进时,钻压及转速应有区别,钻进软地层时可提高转速降低钻压,在硬地层井段应提高钻压降低转速,以达到更好的经济效果。

2. 按钻头产品目录选择钻头类型

钻头生产厂家通过大量的试验，对各型钻头的适用情况进行了界定，形成了钻头产品目录。根据钻头产品目录，结合所钻地层性质选择钻头类型，基本能够做到对号入座，匹配合理。表2-9为国产三牙轮钻头产品目录。

表2-9　国产三牙轮钻头产品目录

地层性质		极软	软	中软	中	中硬	硬	极硬
型式	型式代号	1	2	3	4	5	6	7
	原型式代号	JR	R	ZR	Z	ZY	Y	JY
适用岩石举例		泥岩 石膏 盐岩 软页岩 白垩 软石灰岩		中软页岩 硬石膏 中软石灰岩 中软砂岩	硬页岩 石灰岩 中软石灰岩 中软砂岩	石英砂岩 硬白云岩 硬石灰岩 大理岩		燧石岩 花岗岩 石英岩 玄武岩 黄铁矿
钻头颜色		乳白	黄	淡蓝	灰	墨绿	红	褐

[**例2-1**]　某井井深4000m，有大段石灰岩地层，试选择国产三牙轮钻头类型。

根据国产三牙轮钻头产品目录，适合一般石灰岩地层的钻头类型有3型和4型。考虑到井深较大，建议选用4型国产三牙轮钻头。

由于同一种岩性物理机械性能差别也很大，所以仅根据岩性按钻头产品目录来确定钻头类型是不够全面的，还应收集邻近井相同地层钻过的钻头资料及上一个钻头的磨损分析资料，结合本井的具体情况来选择。

金刚石钻头价格高昂，要取得良好的经济效益，关键在于根据地层岩性（硬度、研磨性、硬夹层的多少及分布）及井队的装备条件（钻机及钻井液的工作能力、是否配备井下动力钻具等），准确选用对号的金刚石钻头。金刚石钻头的选用可参考表2-10。

表2-10　金刚石钻头

岩石级别	极软	软	中软	中	中硬	硬	坚硬
适用钻头	大复合片PDC钻头						
		PDC钻头					
				马赛克钻头			
					巴拉斯钻头		
							天然金刚石钻头

从原则上来说，大复合片PDC钻头适用于极软—软同时黏性极强、采用PDC钻头容易泥包的页岩、泥岩地层；PDC钻头适用于均质、夹层较少的软地层；马赛克钻头适用于中软—中等地层，同时也适用于含有较多夹层因而用普通钻头难以取得经济效益的软地层；巴拉斯钻头适用于中—中硬并带有一定研磨性地层，特别是石灰岩、白云岩、泥灰岩、页岩等地层；天然金刚石钻头则适用于钻进硬—坚硬、研磨性高的地层。

3. 最低成本是钻头选型与合理使用的标准

经济效益是衡量各种产品价值主要标准，也是选择产品类型与合理使用的主要指标。为

此，对于钻头的选型与合理使用应按每米成本最低来考虑。常用每米成本计算公式为

$$C_t = \frac{C_b + C_r(t_t + t)}{H_b} \tag{2-10}$$

式中　C_t——每米成本，元/m；

　　　C_b——钻头成本，元；

　　　C_r——钻机运转费用，元/h；

　　　t_t——起下钻及接单根时间，h；

　　　t——钻头工作时间，h；

　　　H_b——钻头进尺，m。

现举例说明利用公式进行钻头选型的方法。

[**例2-2**]　胜利油田莱1-51井、莱1-271井在某井段分别使用进口钻头8½in J22 与国产钻头8½in P2 钻进，钻进条件基本相同，试比较这两种类型钻头在该井段钻进时哪种类型钻头经济上最合理。钻头钻进指标如表2-11所示。

表 2-11　钻头钻进指标

井号	钻头型号	钻进井段，m	进尺，m	钻头工作时间，h	平均钻速，m/h	钻头只数
莱 1-51	8½in J22	212~2674	545	111.9	4.87	1
莱 1-271	8½in P2	211~2696	584	81.7	7.15	5

根据钻头选型的每米成本公式，已知 C_b（P2 钻头按 600 元/只，J22 钻头按 8000 元/只）、t_t（2000~2500m 起下钻一次按 10h）、C_r（大庆Ⅰ型钻机暂按 180 元/h），则 P2 钻头每米成本为

$$C_t = \frac{600 \times 5 + 180 \times (10 \times 5 + 81.7)}{584} = 45.73(元/m)$$

J22 钻头每米成本为

$$C_t = \frac{8000 + 180 \times (10 + 111.9)}{545} = 54.94(元/m)$$

所以用国产 P2 型钻头钻进 584m 比用引进 J22 钻头节省的成本为

$$584 \times (54.94 - 45.73) = 5378.64(元)$$

从成本计算公式中可以看出，它是一个综合指标，能全面反映钻头的进尺、起下钻时间、钻头机械钻速、钻头的价格、钻机运转费用等各个因素，所以是较为合理的标准。而仅考虑钻头的进尺与钻头的使用时间，往往造成某些错误的判断。如在同一井段钻进的两只钻头，第一只钻头指标是进尺 200m，使用时间 50h，第二只钻头指标是进尺 200m，使用时间 80h。若按钻头进尺多与使用时间长来考虑，会得出第二只钻头比第一只钻头指标高的错误结论。因而，在钻头使用中，转速与钻压比钻头厂家推荐值低得多，以达到延长钻头使用时间、提高纯钻进时间与生产时效的现象很常见，结果造成钻井成本的增加，也拖长了建井周期。

思考题

1. 简述简单应力状态下岩石强度的测试方法。

2. 简述三轴试验的意义和测试方法。

3. 岩石的硬度与抗压强度有何区别?

4. 岩石的塑性系数是怎样定义的? 简述脆性、塑脆性和塑性岩石在压入破碎时的特性。

5. 岩石受围压作用时,其强度和塑脆性是怎样变化的?

6. 影响岩石强度的因素有哪些?

7. 什么是岩石的可钻性? 我国石油部门采用什么方法评价岩石的可钻性? 地层按可钻性分为几级?

8. 牙轮钻头有哪几副轴承? 牙轮钻头按结构不同可分为几类? 滑动轴承钻头有什么特点?

9. 牙轮钻头的储油润滑密封系统包括几部分? 其作用是什么?

10. 牙轮的超顶、移轴和复锥各产生哪个方向的滑动?

11. "PDC" 的含义是什么? PDC 钻头有哪些特点?

12. PDC 钻头切削刃的后倾角和侧倾角各起什么作用?

第三章
钻柱受力分析及强度计算

第一节
钻柱的作用

　　钻柱是钻头以上、水龙头以下的钢管柱的总称，其主体包括方钻杆（一根）、钻杆（多根）、钻铤（多根）、各种连接接头及稳定器等井下工具。

　　钻柱是钻井工程中连接井下与地面动力设备的枢纽。随着钻井深度的增加，钻柱总长度也增加，通常的钻柱长度有几百米、几千米甚至上万米。钻柱入井后，钻柱外壁与井壁形成的环形通道称"环空"，钻柱内通道与环空构成了井下钻井液循环流道。在转盘旋转钻进时，钻柱用来传递钻头破碎岩石所需要的能量，给井底施加钻压，以及循环钻井液等。在井下动力钻具旋转钻进时，钻柱用于将井下动力钻具送到井底并承受反扭矩，同时通过钻柱输送液体能量到井底动力钻具和钻头。

　　钻柱在钻井过程中的主要作用有：（1）为钻井液由井口流向钻头、返回地面提供通道；（2）靠钻柱在钻井液中的部分重量给钻头施加适当的压力（钻压），使钻头的工作刃不断吃入岩石；（3）把地面动力（扭矩）等传递给钻头，使钻头不断旋转破碎岩石；（4）根据钻柱的长度计算井深。

　　钻柱的特殊作用有：（1）进行取心、挤水泥、打捞井下落物、处理井下事故等特殊作业；（2）对地层流体及压力状况进行测试与评价，即钻杆测试，又称中途测试；（3）通过钻柱传输信息，可以帮助了解井下钻头的工作情况、井眼状况及地层情况。

　　钻柱在井下的工作条件十分恶劣，工作中受力十分复杂，不同的作业过程中，具有不同的受力状态。钻柱的脱扣、刺漏及断杆是常见的钻具事故。工程中应根据钻柱在井下的工作条件及工艺要求，合理地设计钻柱和使用钻柱。

第二节
钻柱的组成

　　钻柱由上往下由方钻杆、钻杆串、钻铤串（下部钻具组合）三大部分组成。钻杆串包括钻杆与接头，有时也装有扩眼器。下部钻具组合主要是钻铤，也可能安装稳定器、减震器、震击器、扩眼器及其他特殊工具，具体组成随不同的目的、要求而有不同。

一、方钻杆

钻柱中只需用一根方钻杆，其上接水龙头，下接钻杆串，中部断面为正方形或六边形，在转盘旋转钻进中，其中部始终与转盘配合，随转盘旋转以带动钻柱旋转。其主要作用是传递扭矩和承受钻柱的全部重量。为了防止方钻杆在旋转中（右旋）自动卸扣，故方钻杆上端螺纹均为左旋螺纹，下端为右旋螺纹。为了避免接单根后方钻杆下端不能进入转盘面以下，方钻杆长度应比钻杆单根长 2~3m，方钻杆长度一般为 13~16m。

方钻杆的接头与本体的连接形式有两种，一种是接头与方钻杆本体对焊在一起，另一种是将接头与方钻杆锻制成一体。方钻杆的壁厚一般比钻杆大三倍左右，并用高强度合金钢制造，故具有较大的抗拉强度及抗扭强度，可以承受整个钻柱的重量以及旋转钻柱、钻头所需要的扭矩。方钻杆的通称尺寸是指方钻杆方形部分的边宽。国产方钻杆的结构如图 3-1 所示。

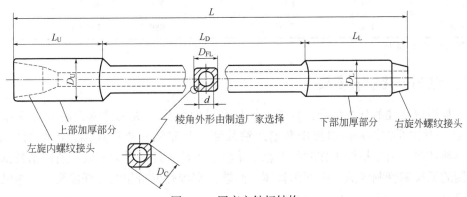

图 3-1　国产方钻杆结构

石油钻井常用的方钻杆有 88.9mm（3½in）、108mm（4¼in），133.4mm（5¼in）等几种。方钻杆规范及强度见表 3-1、表 3-2。

表 3-1　国产方钻杆规范

方钻杆通称尺寸,mm		63.5	76.2	88.9	108	133.4
对边宽 D_{FL},mm		64.5	76.2	88.9	108	133.4
对角宽 D_C,mm		83.3	100	115.1	141.3	175.4
内径 d,mm		31.8	44.5	57.2	71.4	82.6
上端尺寸及连接型式（左旋螺纹）	外径 D_U,mm（标准选用）	196.8/146	196.8/146	196.8/146	196.8/146	196.8/146
	长度 L_U,mm	406	406	406	406	406
	连接型式	6⅝REG	6⅝REG	6⅝REG	6⅝REG	6⅝REG
		4½REG	4½REG	4½REG		

续表

下端尺寸及连接型式（右旋螺纹）	外径 D_L, mm	85.7	104.8	120.7	158.8	177.8
	长度 L_L, mm	508	508	508	508	508
	连接型式	NC26	NC31	NC38	NC46	NC56
		$2\frac{3}{8}$IF	$2\frac{7}{8}$IF	$3\frac{1}{2}$IF	4IF	$5\frac{1}{2}$IF
总长 L, mm		12200	12200	12200	12200	12200

表3-2　四方方钻杆的强度（API RP7G）

方钻杆尺寸, mm(in)	推荐使用最小套管外径, mm	抗拉屈服值, kN		抗扭屈服值, N·m		抗弯屈服值 N·m
		下部外螺纹	驱动部分	下部外螺纹	驱动部分	
63.5($2\frac{1}{2}$)	114.3	1850	1977	13084	16677	17626
76.2(3)	139.7	2380	2591	19592	26438	30235
88.9($3\frac{1}{2}$)	168.3	3221	3226	30777	38370	46369
108($4\frac{1}{4}$)	219.1	4688	4657	53351	66571	81756
108($4\frac{1}{4}$)	219.1	6117	4657	75668	66571	81756
133.4($5\frac{1}{4}$)	244.5	7157	7577	98907	134768	158631

注：据 API RP7G 整理。

二、钻杆与钻杆接头

钻杆是组成钻柱的基本部分，位于方钻杆和钻铤之间，由无缝钢管制成（壁厚一般为9~11mm），其主要作用是传递扭矩和输送钻井液，并靠钻杆单根连接，逐渐加长钻杆柱，使井眼不断加深。由于钻杆工作时处于整个钻柱的中部，杆柱受力复杂，所以钻杆都是用高级合金钢的无缝钢管制成的，中部称管体，两端分别接有带粗扣的钻杆接头，一根钻杆也称为钻杆单根。

我国现在生产或进口的钻杆全部为对焊钻杆（图3-2），为了增强管体与接头的连接强度，管体两端常采取加厚措施，常用的加厚形式有内加厚、外加厚、内外加厚三种，如图3-3、表3-3所示。

图3-2　对焊钻杆

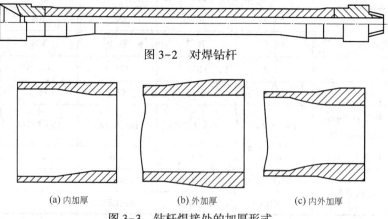

(a) 内加厚　　　　　　　　(b) 外加厚　　　　　　　　(c) 内外加厚

图3-3　钻杆焊接处的加厚形式

表3-3　钻杆焊接处的加厚形式

通称尺寸,mm	外径,mm	壁厚,mm	内径,mm	钻杆名义重量,N/m
60. 3	60. 3	7. 11	46. 1	97. 12
73	73. 0	9. 19	54. 6	151. 83
88. 9	88. 9	6. 45	76. 0	138. 69
		9. 37	70. 2	194. 16
		11. 40	66. 1	226. 18
101. 6	101. 6	6. 65	88. 3	173
		8. 38	84. 8	204. 38
		9. 65	82. 3	229. 2
114. 3	114. 3	6. 88	100. 5	200. 73
		8. 56	97. 2	242. 34
		10. 92	92. 5	291. 98
		12. 7	88. 9	333. 15
		13. 95	86. 4	360. 03
127	127. 0	7. 52	112	237. 73
		9. 19	108. 6	284. 68
		12. 70	101. 6	373. 73
139. 7	139. 7	7. 72	124. 3	280. 3
		9. 17	121. 4	319. 71
		10. 54	118. 6	360. 59

注：据 API RP7G 整理。

1. 钻杆的钢级与强度

钻杆的钢级是指钻杆钢材的等级，它由钻杆钢材的最小屈服强度决定。美国石油学会 API 规定钻杆的钢级有 D、E、95(X)、105(G)、135(S) 级共五种，其中，X、G、S 级为高强度钻杆，详见表3-4。

表3-4　钻杆钢级

物理性能	钻杆纲级				
	D	E	95(X)	105(G)	135(S)
最小屈服强度,MPa	379. 21	517. 11	655. 00	723. 95	930. 70
最大屈服强度,MPa	586. 05	723. 95	861. 85	930. 79	1137. 64
最小抗拉强度,MPa	655. 00	689. 48	723. 95	792. 90	999. 74

钻杆的钢级越高，管材的屈服强度越大，钻杆的各种强度（抗拉、抗扭、抗外挤等）也就越大。表3-5列出了新钻杆的强度数据。在钻柱的强度设计中，推荐采用提高钢级的方法来提高钻柱的强度，而不采用增加壁厚的方法。

表 3-5 新钻杆强度数据

通称尺寸 mm	内径 mm	按材料最小屈服强度计算的最小抗拉力,MPa					抗扭力屈服强度,MPa				
		D	E	95	105	135	D	E	95	105	135
60.3	46.1	78.27	106.69	135.17	149.38	192.07	78.89	107.58	136.27	150.62	193.65
73	54.6	83.59	114.00	144.34	159.58	205.17	83.52	113.86	144.20	159.38	204.96
88.9	76.0		65.66					69.24			
	70.2	69.79	95.17	120.55	133.24	171.13	71.38	97.30	123.31	136.27	175.17
	66.1	85.17	116.14	147.10	162.55	290.03	84.83	115.65	146.55	161.93	208.20
101.6	88.3		59.31					58.00			
	84.8	54.76	74.69	94.62	104.55	134.41	57.45	78.27	99.17	109.65	139.10
114.3	100.5		54,48					49.65			
	97.2	49.72	67.78	85.86	94.90	122.00	52.55	71.65	87.93	95.32	115.86
	92.5	63.45	86.48	109.58	121.10	155.72	65.58	89.38	113.24	125.17	160.89
127	108.6	48.07	65.52	83.03	91.72	118.00	50.96	68.96	82.83	89.58	108.27
	101.6	66.34	90.48	114.62	126.76	162.89	68.27	93.10	117.93	130.34	167.58
139.7	121.4	43.59	59.38	75.24	83.17	106.96	45.59	58.21	68.96	74.04	87.85
	118.6	50.07	68.27	86.48	95.58	122.96	52.90	72.14	89.10	96.55	116.70

注:根据 API RP7G 整理。

2. 钻杆接头及类型

钻杆接头是钻杆的组成部分,分外螺纹接头和内螺纹接头(图 3-4),连接在钻杆管体的两端。接头上部有螺纹(粗扣),用以连接各钻杆单根。在钻井过程中,接头处要经常拆卸,接头表面受到相当大的大钳咬合力的作用,所以钻杆接头壁厚较大,接头外径大于管体外径,并采用强度更高的合金钢,国产钻杆接头一般都采用 35CrMo 合金钢。

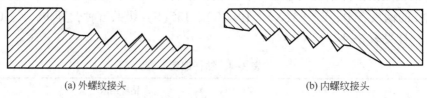

(a) 外螺纹接头   (b) 内螺纹接头

图 3-4 钻杆接头

螺纹的连接必须满足三个条件,即尺寸相等、螺纹类型相同、外螺纹和内螺纹相匹配。不同尺寸钻杆的接头尺寸不同,同一尺寸钻杆的螺纹类型也不尽相同,各钻杆生产厂家的钻杆采用的接头类型也很难完全一致。因此,为便于区分钻杆接头,方便工程应用,API 对钻杆接头的类型作了统一的规定,形成了石油工业普遍采用的 API 钻杆接头。

旧 API 钻杆接头是对早期使用的有细扣钻杆(已淘汰不再使用)提出来的,与钻杆的连接如图 3-5 所示。根据与钻杆的配合,钻杆接头分为内平式(IF)、贯眼式(FH) 和正规式(REG) 三种类型。

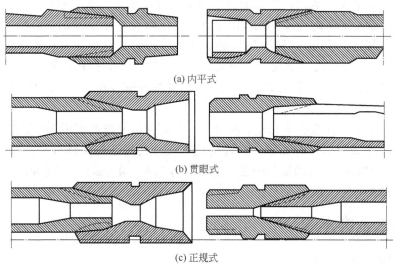

(a) 内平式

(b) 贯眼式

(c) 正规式

图 3-5 旧 API 钻杆接头

内平式接头主要用于外加厚钻杆，其特点是管体加厚处内径、接头内径与钻杆内径相等，钻井液流动阻力较小，有利于提高钻头水功率，但接头外径较大，易磨损。现场习惯用数字"1"表示这种接头。

贯眼式接头适用于内加厚钻杆，其特点是钻杆有两个内径，接头内径等于管体加厚处内径，但小于管体部分内径，钻井液流经这种接头时的阻力大于内平式接头，但这种接头外径小于内平式接头。现场习惯用数字"2"表示这种接头。

正规式接头适用于内加厚钻杆，这种接头的内径比较小，小于钻杆加厚处的内径，所以正规接头连接的钻杆有三种不同的内径，钻井液流过这种接头时的阻力最大，但它的外径最小，强度较大。正规式接头常用于小直径钻杆和反扣钻杆，以及钻头、打捞工具等。现场习惯用数字"3"表示这种接头。

三种类型接头均采用"V"形螺纹，但扣型（用螺纹顶切平宽度表示）、扣距、锥度及尺寸等都有很大的差别。

随着对焊钻杆的迅速发展，有细扣钻杆逐渐被对焊钻杆所取代。旧 API 钻杆接头由于规范繁多，使用起来很不方便。因此，美国石油学会又提出了一种新的 NC 型系列接头（有人称之为数字型接头）。NC 型接头以字母 NC 和两位数字表示，如 NC26、NC31 等。NC（National Coarse Thread）意为（美国）国家标准粗牙螺纹，两位数字表示螺纹基面节圆直径（in）的大小（取节圆直径数值的前两位数字）。例如，NC26 表示接头为 NC 型，基面螺纹直径为 2.668in。

NC 型接头在石油工业中应用越来越普遍，但现场仍使用部分旧 API 标准接头（内平式、贯眼式、正规式）。在钻柱中，除了钻杆接头外，还有各种配合接头，用来连接不同尺寸或不同扣型的钻具。方钻杆、钻铤、钻头及其他井下工具也都靠螺纹连接，其中的各种接头及工具的螺纹类型都与钻杆接头的标准相一致。钻杆接头的具体尺寸规范可查阅相关手册。

工程中还常用直接表达钻杆接头的方法和用三位数字来表示钻杆接头的方法。直接表达钻杆接头的方法比较明了，如"114 内平外螺纹"为 114.3mm 钻杆接头、内平式接头类型、外螺纹。用三位数字来表示钻杆接头的方法简洁、方便使用，如"411、410、631"等。其中，第一位数字表示旧式的与接头相配的钻杆尺寸，以英寸计，用2、3、4、5、6分别表示$2\frac{7}{8}$in、$3\frac{1}{2}$in、$4\frac{1}{2}$in、$5\frac{1}{2}$in、$6\frac{5}{8}$in钻杆的名义尺寸；第二位数字表示接头类型，用1、2、3分别表示内平式、贯眼式、正规式三种接头类型；第三位数字用1和0分别表示外螺纹及内螺纹。例如"411"表示$4\frac{1}{2}$in钻杆接头、内平式的外螺纹接头；"530"表示$5\frac{1}{2}$in钻杆接头、正规式的内螺纹接头。

根据工作要求，钻杆有右旋和左旋两种。一般正常钻井作业使用右旋钻杆，左旋钻杆仅在处理井下事故（如倒扣）时使用。钻杆的通称尺寸是指钻杆本体外径，如127钻杆是指钻杆本体外径为127mm。石油钻井中常用的钻杆有114.3($4\frac{1}{2}$in)、127(5in)、139.7($5\frac{1}{2}$in)等几种。钻杆单根长度一般为8~11m。

三、钻铤及稳定器

钻铤常与稳定器配合使用。

1. 钻铤

钻铤处在钻柱的最下部，是下部钻具组合的主要组成部分，其主要特点是壁厚大（一般为38~53mm，相当于钻杆壁厚的4~5倍），具有较大的重量和刚度，连接螺纹直接在管体上加工而成。它在钻井过程中的主要作用有：（1）靠部分钻铤串在钻井液中的重量给钻头施加钻压；（2）减轻钻头的振动摆动和跳动等，使钻头工作平稳；（3）利用钻铤自重较大、抗弯刚度较大的特性，防止和控制井斜。

钻铤的通称尺寸是指钻铤外径，如158.8钻铤是指钻铤本体外径为158.8mm。石油钻井中常用的钻铤有120.7($4\frac{3}{4}$in)、158.8($6\frac{1}{4}$in)、177.8(7in)、203.2(8in)等几种。钻铤单根长度一般为8~11m。常用钻铤基本参数见表3-6。

表3-6　钻铤基本参数

通称尺寸		外径,mm	内径,mm	连接螺纹型式	钻铤长,m	钻铤名义重量 N/m
mm	in					
104.8	$4\frac{1}{8}$	104.8	50.8	NC31-41	9.15	511
120.7	$4\frac{3}{4}$	120.7	50.8	NC35-47	9.15	730
127	5	127	57.2	NC38-50	9.15	774
158.8	$6\frac{1}{4}$	158.8	71.4	NC46-62	9.15,9.45	1212
177.8	7	177.8	71.4	NC50-70	9.15,9.45	1606
203.2	8	203.2	71.4	NC56-80	9.15,9.45	2190
228.6	9	228.6	71.4	NC61-90	9.15,9.45	2847

除常用到的圆环截面光钻铤外，还有其他不同外形的钻铤，如方钻铤、三角形钻铤和螺旋形钻铤。螺旋形钻铤外表面有浅而宽的螺旋槽，可减少其与井壁的接触面积，有利于减少发生压差卡钻的可能性。钻铤的连接螺纹（外螺纹、内螺纹）是在钻铤两端管体上直接车制的，不另加接头。

2. 稳定器

在钻铤串的适当位置安装一定数量的稳定器，组成各种类型的下部钻具组合，可以满足钻直井时防止井斜的要求，钻定向井时可起到控制井眼轨迹的作用。此外，稳定器还可以提高钻头工作的稳定性，从而延长使用寿命，这对金刚石钻头尤为重要。

图3-6是稳定器的三种基本类型：旋转叶片型、不转动套型和滚轮型。

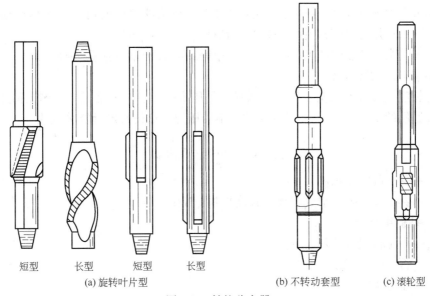

短型	长型	短型	长型		
(a) 旋转叶片型				(b) 不转动套型	(c) 滚轮型

图 3-6　钻柱稳定器

旋转叶片型包括螺旋叶片、直棱叶片两种，均可做成长型或短型，以适应各种地层和工艺要求，它是使用最广泛的稳定器。不转动套型的主要优点是不会破坏井壁，使用安全，但它不具备修整井壁的能力，加上受井下温度的限制，使用寿命低，所以应用范围很小。滚轮型（也称牙轮铰孔器）的主要优点是有较强的修整井壁的能力，可保持井眼规则，主要用于研磨性较高的地层。

此外，在下部钻具组合中常装有减震器，用于吸收井下钻具的纵向震动和扭转震动。在深井、海上钻井尤其是定向钻井中，常在下部钻具组合中安放随钻震击器，一旦下部组合或钻头被卡，即可操纵震击器，通过向上或向下的震击作用解卡。在下部钻具组合或钻杆柱中还可装有随钻测量工具、钻柱测试工具、打捞篮、扩眼器等特殊工具，进行随钻测量、地层测试、打捞、扩眼等特殊作业。

四、组合与连接

合理的钻具组合是确保优质快速钻井的重要条件。一口井的钻具尺寸选择，首先取决于钻头的尺寸和钻机的提升能力，同时还要考虑到每个地区的特点，如地质条件、井身结构、钻具供应情况及防斜要求等。钻具组合的一般原则如下。

（1）钻杆是钻柱的主要组成部分，井越深，钻杆越长，其重量越大，钻杆上部受的拉力就越大。在钻机提升载荷一定的情况下，钻杆尺寸越大，可下深度越小。但是大尺寸钻杆强度较大，钻具事故较少。钻杆内径较大，钻井液流动阻力较小，有利于泵功率的充分利用。因此，在钻机提升能力允许的条件下，应尽量选用大尺寸钻杆。为了便于起下钻和处理井下事故，入井的钻具组合应力求简单，通常选用一种尺寸的钻杆。国内各油田大多使用127mm(5in) 钻杆。

在钻进井深较大时，由于钻柱重量较大，钻具的组合往往受到钻杆强度和动力设备的限制。因此应根据钻柱各部分在井内受力情况及钻杆的强度合理地选配复合钻柱。组成复合钻柱的钻杆尺寸只能相差一级，上部用相对较大尺寸的钻杆，下部用相对较小尺寸的钻杆，组成复合钻柱。

(2) 方钻杆部分由于受到的扭矩和拉力最大，在条件允许的情况下应尽量选用大尺寸的方钻杆，建议选用比钻杆尺寸大一级的方钻杆。

(3) 钻铤直径一般选用与钻杆接头外径相等或略大于钻杆接头外径的尺寸，有时根据防斜措施要求选择钻铤直径。

钻铤的长度主要根据钻头工作要求的最大钻压来确定，一般情况下钻铤在钻井液中的重量应是最大钻压的 1.2~1.3 倍，以确保钻杆不受压力。钻铤长度计算公式为

$$\sum_{i=1}^{j} L_{ci} q_{ci} k_{b} \cos\alpha = S_{n} W_{max} \tag{3-1}$$

式中　L_{ci}——第 i 段钻铤长度，m；

　　　q_{ci}——第 i 段钻铤在空气中单位长度重量，N/m；

　　　j——钻铤组合分段；

　　　W_{max}——工作最大钻压，N；

　　　α——井斜角，(°)；

　　　k_{b}——浮力系数；

　　　S_{n}——考虑工作过程中中性点总在钻铤上的设计安全系数，通常取 $S_{n} = 1.2 \sim 1.3$。

钻铤串总长度为

$$L_{c} = \sum_{i=1}^{j} L_{ci} \tag{3-2}$$

此外，钻铤的长度及组合形式还应考虑井斜控制的要求。

钻进中连接好了的钻柱可用书写形式表达，一目了然。例如，某次钻进用 177.8mm 钻铤（接头为 411×410 接头扣），127mm 钻杆（接头为 411×410 接头扣）。组成钻柱为：ϕ215.9mm 钻头（钻头高度，m）+430×410（接头长度，m）+177.8mm 钻铤（钻铤串长度，m）+127mm 钻杆（钻杆串长度，m）+411×520（接头长度，m）+133.4mm 方钻杆（方入，m，接头扣为 521×630 反）。

第三节
钻柱的工作状态及受力分析

钻柱的受力与其工作状态密切相关，在不同的钻井方式(转盘旋转钻进、井下动力钻具旋转钻进) 下和不同的钻井工序（正常钻进、起下钻作业等）中，其工作状态不同，钻柱受到的作用力不同。为了合理设计和使用钻柱，必须首先了解钻柱在整个钻井过程中的工作状态并进行受力分析。

一、钻柱的工作状态

在起下钻过程中，钻头不接触井底，整个钻柱处于悬挂状态。在自重力的作用下，整个钻柱处于受拉伸的直线稳定状态。实际上，井眼并非是完全竖直的，钻柱将随井眼倾斜和弯曲。

在正常钻进过程中，部分钻柱（主要是部分钻铤）的重力作用在钻头上作为钻压，使上部钻柱受拉伸而下部钻柱受压缩。在钻压较小和直井条件下，钻柱是直线稳定状态。当压力达到钻柱的临界压力值时，下部钻柱将失去直线稳定状态而发生弯曲，并与井壁接触（接触点称为"切点"），钻柱发生第一次弯曲（图 3-7 中Ⅰ）。如果继续增大钻压，则会出现钻柱的第二次弯曲（图 3-7 中Ⅱ）、三次弯曲（图 3-7 中Ⅲ）或更多次弯曲。旋转钻进所用钻压一般都超过了常用钻铤的临界压力值，如果不采取措施，下部钻柱将不可避免地发生弯曲。

在转盘旋转钻井中，整个钻柱处于不停旋转的状态，作用在钻柱上的力除拉力和压力外，还有旋转产生的离心力。离心力的作用有可能加剧下部钻柱的弯曲变形。钻柱上部的受拉伸部分，由于离心力的作用，也可能呈现弯曲状态。在钻进过程中，通过钻柱将转盘扭矩传递给钻头，在扭矩的作用下，钻柱不可能呈平面弯曲状态，而是呈空间螺旋形弯曲状态。鲁宾斯基曾指出，在钻压、离心力和扭矩的联合作用下，钻柱轴线一般呈变节距的螺旋弯曲曲线形状，接近井底处螺距最小，往上逐渐加大，螺旋线的形状与钻压、扭矩、井壁摩擦力、离心力、自重等因素有关。

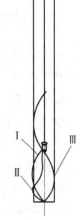

图 3-7　钻柱
受压弯曲

这样一个螺旋形弯曲钻柱在井眼内的运动形式是一个十分复杂的问题，至今尚未研究透彻。根据井下钻柱的实际磨损情况和工作情况来分析，钻柱在井眼内的运动形式可能有如下几种：

（1）自转。钻柱像一根柔性轴，围绕自身轴线旋转。钻柱自转时，在整个圆周上与井壁接触，产生均匀磨损。弯曲钻柱在自转时，受到交变弯曲应力的作用，容易发生疲劳破坏。在软地层弯曲井段，钻柱自转容易形成键槽，起钻时可能造成"卡钻"事故。

（2）公转。钻柱像一个刚体，围绕着井眼轴线旋转并沿着井壁滑动。钻柱公转时，不受交变弯曲应力的作用，但产生不均匀的单向磨损（偏磨），从而加快了钻柱的磨损和破坏。

（3）公转与自转的结合。钻柱围绕井眼轴线旋转，同时围绕自身轴线转动，使钻柱不是沿着井壁滑动而是滚动。在这种情况下，钻柱磨损均匀，但受交变应力的作用，循环次数比自转时低得多。

（4）整个钻柱或部分钻柱作无规则的旋转摆动。这种运动形式很不稳定，常常造成钻柱的周向振动。

（5）整个钻柱或部分钻柱作无规则的纵向振动。这种运动形式主要由钻头工作引起，会加重钻柱的疲劳破坏。

从理论上讲，如果钻柱的刚度在各方向上是均匀一致的，那么钻柱如何运动就取决于外界阻力（如钻井液阻力、井壁摩擦力等）的大小，应采取消耗能量最小的运动形式。当钻柱自转时，旋转经过的行程比其他运动形式都小，克服钻井液阻力及井壁摩擦力所消耗的能量较小，因此，一般认为弯曲钻柱旋转的主要形式是自转，但也可能产生公转或两种运动形式的结合，既有自转，也有公转。

弯曲钻柱自转这一论点十分重要。鲁宾斯基等学者正是在这个基础上研究了钻柱的弯曲和井斜问题，在钻柱自转的情况下，离心力的总和等于零，对钻柱弯曲没有影响。这样，钻柱弯曲就可以简化成不旋转钻柱弯曲的问题，研究起来就容易多了。

在井下动力钻具旋转钻井时，钻头破碎岩石的旋转扭矩来自井下动力钻具，上部钻柱一般不旋转，故不存在离心力的作用，这就使得钻柱受力情况变得比较简单。

二、钻柱的受力分析

钻柱在井下要受到多种载荷的作用，主要有轴向拉力及压力、扭矩、弯曲力矩、离心力、外挤压力等。在不同的工作状态下，不同井深位置的钻柱受力情况是不同的。

1. 轴向拉力和压力分析

钻柱受到的轴向载荷主要有钻柱自重产生的重力、钻井液对钻柱产生的浮力和因施加钻压而产生的压力。此外，钻柱上下运动时与井壁和钻井液间的摩擦、循环钻井液时在钻柱内及钻头水眼上所消耗的阻力、起下钻时上提或下放钻柱速度的变化等会产生附加的轴向载荷。以单一尺寸的钻杆组成钻柱为例，分析计算其轴向力的分布规律。

1）钻柱在垂直井眼中的起钻过程

如图3-8所示，设钻柱的单位长度重量（空气中）为 q（N/m），钻柱上部某一截面1—1上的轴向拉力应该等于截面以下的钻柱自重减去所受到的钻井液浮力以及上行中的摩擦阻力和动载荷。钻柱在钻井液中所受浮力可认为集中作用在钻柱底端。起钻过程中，钻柱任意截面1—1上的轴向力可由下式计算：

$$T_1 = qL_1 - B_p + F_pL_1 + \frac{qL_1}{g}a_p \qquad (3-3)$$

$$B_p = V_{p1}L_p\rho_mg$$
$$q = V_{p1}\rho_sg$$

式中 B_p——钻柱所受到的浮力，N；

q——钻柱在空气中的单位长度重量，N/m；

V_{p1}——钻柱单位长度体积，m^3/m；

L_p——井内钻柱长度，m；

ρ_m——井内钻井液密度，kg/m^3；

ρ_s——钻柱钢材密度，kg/m^3；

L_1——计算截面以下钻柱长度，m；

F_p——钻柱上行中单位长度受到的摩擦阻力，N/m；

a_p——钻柱上行的加速度，m/s^2；

g——重力加速度，m/s^2。

2）钻柱在垂直井眼中的下钻过程

下钻过程中，钻柱任意截面1—1上的轴向力可由式（3-4）计算。

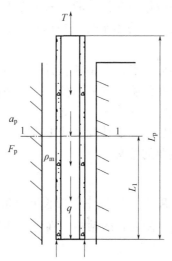

图 3-8　直井眼中的起钻过程

$$T_1 = qL_1 - B_p - F_pL_1 + \frac{qL_1}{g}a_p \tag{3-4}$$

3）钻柱在垂直井眼中的悬挂状态

钻柱在井眼中处于悬挂状态时，钻柱任意截面 1—1 上的轴向力可由下式计算：

$$T_1 = qL_1 - B_p = V_{p1}\rho_s gL_1 - V_{p1}L_p\rho_m g$$

当计算井口处的轴向力时，取 $L_1 = L_p$ 代入上式，得

$$T_1 = V_{p1}\rho_s gL_p\left(1 - \frac{\rho_m}{\rho_s}\right) = qL_p\left(1 - \frac{\rho_m}{\rho_s}\right) \tag{3-5}$$

通常记 $k_b = 1 - \dfrac{\rho_m}{\rho_s}$，称浮力系数，于是有 $T = k_b qL_p$，使井口轴向力的计算变得简便。

工程中由此引入一种计算钻柱在钻井液中重力（称为浮重）的方法，钻柱的浮重等于钻柱在空气中的重力乘以浮力系数，这种计算钻柱轴向力的方法称为"浮力系数法"。

4）钻柱在垂直井眼中的钻进过程

正常钻进时，下放钻柱把部分钻铤的重力加到钻头上作为钻压，同时井底地层作用于钻头一个反作用力，大小等于钻压。钻压使下部部分钻柱受压缩应力的作用，钻柱任意截面 1—1 上的轴向力为

$$T_1 = qL_1 - B_p - W \tag{3-6}$$

式中　W——钻头工作钻压大小，N。

各种工况下的轴向力分布如图 3-9 所示。

由轴向力的分布规律可知：上部钻柱主要受轴向拉力作用，井口处受轴向拉力最大，向下逐渐减小；下部部分钻柱受轴向压力作用，井底处受轴向压力最大。在某一深度处，轴向力等于零。我们把钻柱上轴向力等于零的点定义为中性点，又称中和点。

中性点的概念最早是由鲁宾斯基提出来的。他认为，

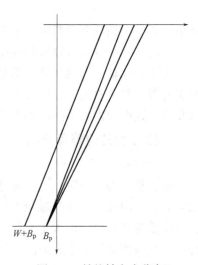

图 3-9　钻柱轴向力分布

中性点将钻柱分为两段，上面一段钻柱在钻井液中的重力等于大钩悬重，下面一段钻柱在钻井液中的重力等于钻压（这种提法只适用于垂直井钻柱）。据定义可计算出中性点距井底的高度。

中性点是钻柱受拉与受压的分界点，在钻柱设计中，我们希望中性点始终落在刚度大、抗弯能力强的钻铤上，而不是落在强度较弱的钻杆上，使钻杆一直处于受拉伸的直线稳定状态，以免钻杆受压弯曲和受交变应力的作用。因此，设计的钻铤长度不能小于中性点高度，也就是说钻铤的浮重不能小于钻压。许多钻井实践都遵循这一原则来确定钻铤串的长度，钻柱的中性点在实际工作中有着重要的意义。

2. 常规钻柱的轴向力计算

常规钻柱指下部接钻铤串长度 L_c（空气中单位长度重量为 q_c，N/m）、上部接钻杆串长度 L_p（空气中单位长度重量为 q，N/m）的钻柱。在垂直井眼中的钻进过程，钻铤串任意截面上的轴向力计算式为

$$T_1 = k_b q_c L_1 - W \tag{3-7}$$

钻杆串任意截面上的轴向力计算式为

$$T_1 = k_b q_c L_c + k_b q (L_1 - L_c) - W \tag{3-8}$$

在钻进过程中，循环钻井液时，在钻柱内及钻头水眼上的压力降还会在钻柱内产生附加的轴向拉伸应力，相当于钻柱受到一个拉伸载荷。循环钻井液在钻柱任意截面处产生的拉力载荷可按下式计算：

$$F_h = \Delta p_h A_i \tag{3-9}$$

式中　Δp_h——循环钻井液时，钻柱内钻井液从计算位置流动到钻头喷嘴出口的流动阻力，Pa；

　　　A_i——钻柱内流道截面积，m^2；

　　　F_h——循环钻井液引起的附加轴向拉力，N。

在起下钻时，井壁及钻井液对钻柱的摩擦阻力大小与钻井液性能、井壁岩石性质、钻柱结构、井眼深度、井身质量等因素有关，难以准确计算，应结合现场具体情况来确定，通常用以下经验公式进行计算：

$$F_p L_1 = (0.2 \sim 0.3) T_1 \tag{3-10}$$

式中　T_1——钻柱在井眼中处于悬挂状态时，钻柱任意截面1—1上的轴向力；

　　　$F_p L_1$——分析计算段钻柱所受的摩擦阻力。

上述钻柱轴向力的计算，都是在井眼垂直条件下进行的分析。在倾斜或弯曲的井眼中，由于井眼不是垂直的，钻柱自重力的计算、钻井液液柱压力的影响及摩擦阻力的确定等都比较复杂，这部分内容可参阅相关文献。

3. 钻柱的其他载荷分析

1）扭矩

在转盘旋转钻井时，必须通过转盘把一定的扭矩传递给钻柱，用于旋转钻柱并带动钻头破碎岩石。因此，在钻井过程中，钻柱受到扭矩的作用在钻柱各个截面上都产生剪应力，钻柱所受扭矩和剪应力的大小与钻柱尺寸、钻头类型及直径、岩石性质、钻压和转速、钻井液性质及井眼质量等因素有关。在钻井过程中，钻杆承受的实际扭矩很难准确计算，可用下式近似估算：

$$M_{\mathrm{p}} = \frac{9549P}{n} \tag{3-11}$$

式中　P——转盘传给钻柱的功率（旋转钻柱所需的功率），kW；

　　　n——钻柱转速，r/min；

　　　M_{p}——钻柱所受到的扭矩，N·m。

应注意的是，在一般情况下加于钻杆上的扭矩不允许超过钻杆接头的紧扣扭矩，推荐的钻杆接头紧扣扭矩在相应标准中已有规定，可参阅相关文献。

通常钻柱承受的扭矩在井口处最大，由上往下逐渐减小，在井底处扭矩最小。在井下动力钻具旋转钻进中，钻柱承受的扭矩为动力钻具的反扭矩，在井底处最大，往上逐渐减小。

2）弯曲力矩

正常钻进时，当施加的钻压超过钻柱的临界值时，下部钻柱就产生弯曲变形。在转盘旋转钻井中，钻柱在离心力的作用下也会产生弯曲。钻柱在弯曲井眼内工作时，也将发生弯曲。产生弯曲变形的钻柱总伴有弯曲力矩的作用，在钻柱内产生弯曲应力。在弯曲状态下，钻柱如绕自身轴线旋转，则会产生交变的弯曲应力，弯曲应力的大小与钻柱的刚度、弯曲变形部分的长度及最大挠度等因素有关。由于井下钻柱的弯曲变形十分复杂，故弯曲力矩及弯曲应力的计算很难进行。

3）离心力

当钻柱绕井眼轴线公转时，将产生离心力。离心力将引起钻柱弯曲或加剧钻柱的弯曲变形。

4）纵向及扭转振动

钻进时，钻头转动（特别是牙轮钻头）会引起纵向振动，从而引起钻柱的纵向振动，在钻柱中性点附近产生交变的轴向应力。纵向振动规律与钻头结构、所钻地层性质、泵排量、钻压及转速等因素有关。当纵向振动的周期与钻柱本身固有的振动周期相同或成倍数时，就会产生共振现象，振幅急剧增大，工程上称为"跳钻"。严重的跳钻常常造成钻头损坏、钻杆弯曲加剧，甚至引起钻柱迅速疲劳破坏。施工中通过改变转速或钻压可减轻或消除跳钻现象。

在钻头破岩过程中，当井底对钻头旋转的阻力不断变化时，会引起钻柱的扭转振动，因而产生交变剪应力。扭转振动与钻头结构、岩石性质均匀程度、钻压及转速等因素有关，特别是使用刮刀钻头钻软硬交错地层时，钻柱可能产生剧烈的扭振，出现所谓"蹩跳"现象。

5）特殊工况下的受力

钻柱作为联系地面与井下的工具，在钻杆测试过程、井下事故处理过程、使用卡瓦起下钻过程等特殊工况下的受力应作专门分析。

在通常的钻进过程中，钻柱下部受到轴向压力、弯曲力矩和交变应力最为严重；井口处钻柱受到轴向拉力、扭矩最为严重。

第四节

钻柱强度设计

由钻柱的受力分析可知，不论是在起下钻还是在正常钻进时，经常作用于钻杆且数值较大的力是拉力，而且井越深，钻柱越长，钻柱上部受到的拉力越大。但对某种尺寸和钢级的钻杆，其抗拉强度是一定的，有一定的可下深度限制。所以，钻柱设计主要考虑其抗拉强度，即按抗拉强度确定钻柱的可下深度。对一些特殊作业工况的考虑，如钻杆测试等，必要时对钻柱的抗挤及抗内压强度进行校核。

在以抗拉伸计算为主的钻柱强度设计中，主要考虑由钻柱重力、浮重引起的静拉载荷，其他一些载荷（如动载、摩擦力、卡瓦挤压力的影响及解卡上提力等）通过一定的设计系数考虑。

一、钻杆抗拉强度设计

设计钻杆任意截面上的静拉伸载荷应小于或等于钻杆的最大安全静拉力。钻杆所能承受的最大安全静拉力的大小取决于钻杆材料的屈服强度、钻杆尺寸以及钻杆的实际工作条件。

1. 钻杆的最大允许拉力

钻杆所受静拉力达到该值时，钻杆材料将发生屈服而产生轻微的永久伸长，为了避免这种情况发生，一般取钻杆材料最小屈服强度下抗拉力 F_y 的 90% 作为钻杆的最大允许拉力。钻杆材料最小屈服强度下的抗拉力可从相关手册中查到。

2. 钻杆的最大安全静拉力

最大安全静拉力是指允许钻杆所承受的由钻柱重力和浮力引起的最大载荷。考虑到其他一些拉伸载荷（如起下钻时的动载及摩擦力、解卡上提力及卡瓦挤压的作用等），钻杆的最大安全静拉力必须小于其最大允许拉力，以确保安全。确定钻杆最大安全静拉力的方法有两种。

1）安全系数法

考虑起下钻时的动载及摩擦力，设计取一个安全系数 S_p，以保证钻杆的工作安全：

$$F_a = \frac{0.9F_y}{S_p} \qquad (3-12)$$

式中　S_p——安全系数，一般取 1.3～1.6；

　　　F_y——钻杆材料最小屈服强度下抗拉力，N；

　　　F_a——钻杆的最大安全静拉力，N。

2）拉力余量法

在钻杆设计时，选择钻杆最大安全静拉力 F_a 应小于钻杆最大允许拉力一个适当的数值，即"拉力余量"，以考虑钻杆被卡时的上提解卡拉力。这个拉力余量应根据钻井的实际条件来确定，井下情况危险程度越大，拉力余量的取值应越高。用拉力余量法确定的最大安全静拉力为

$$F_a = 0.9F_y - F_M \qquad (3-13)$$

式中　F_M——拉力余量，一般取 200～500kN。

一般地，在钻杆设计中，钻杆的最大安全静拉力取决于安全系数和拉力余量两个因素，可分别计算确定，然后取二者中较低者作为钻杆设计的最大安全静拉力，据此计算钻杆的最大允许长度。

对深井钻杆，当它坐于卡瓦时将受到很大的箍紧力，上部钻杆受到较大的轴向拉伸力和外挤压力联合作用，必要时应对此状态下的抗拉和抗挤强度进行校核。特殊工况下的钻杆强度问题应进行专门的校核计算。

二、钻柱设计举例

[**例3-1**]　某次开钻设计井深5186m，钻头直径为215.9mm（8½in），钻压180kN，钻进使用的钻井液密度为 $\rho_m = 1.36g/cm^3$，预计井斜角3°。钻柱中使用177.8mm钻铤（内径71.4mm，长度80m）、158.8mm钻铤（内径71.4mm，长度 L_{c2} 未知）组成塔式钻具；有127mm的E级钻杆两种，一种 $q_1 = 284.78N/m$，另一种 $q_2 = 372.4N/m$，钻具钢材密度 $\rho_s = 7.85g/cm^3$。取安全系数 $S_p = 1.4$，拉力余量 $F_M = 400kN$，无特殊校核要求，试对本钻柱进行强度设计。

（1）浮力减轻系数计算：

$$k_b = 1 - \frac{\rho_m}{\rho_s} = 1 - \frac{1.36}{7.85} = 0.827$$

（2）确定各段钻铤长度。

查手册得：177.8mm钻铤（内径71.4mm）单位长度重量 $q_c = 1606N/m$，158.8mm钻铤（内径71.4mm）单位长度重量 $q_c = 1212N/m$。由钻铤长度计算式（3-1）有

$$L_{c1}q_{c1}k_b\cos\alpha + L_{c2}q_{c2}k_b\cos\alpha = S_n W_{max}$$

取 $S_n = 1.25$，由题可知 $L_{c1} = 80m$，将各量代入上式并计算：

$$80 \times 1606 \times 0.827 \times \cos3° + L_{c2} \times 1212 \times 0.827 \times \cos3° = 1.25 \times 180000$$

$$L_{c2} = 118.8(m)$$

（3）确定钻杆的最大安全静拉力。

查手册得：127mm E级钢，$q_1 = 284.78N/m$ 的钻杆材料最小屈服强度下的抗拉力为1760.31kN，$q_2 = 372.4N/m$ 的钻杆材料最小屈服强度下的抗拉力为2358.97kN。

$q_1 = 284.78N/m$ 钻杆采用安全系数法由式（3-12）确定：

$$F_a = \frac{0.9F_y}{S_p} = \frac{0.9 \times 1760.31}{1.4} = 1131.6(kN)$$

$q_1 = 284.78N/m$ 钻杆采用拉力余量法由式（3-13）确定：

$$F_a = 0.9F_y - F_M = 0.9 \times 1760.31 - 400 = 1184.3(kN)$$

则取 $q_1 = 284.78N/m$ 钻杆的最大安全静拉力 $F_a = 1131.6kN$。

$q_2 = 372.4N/m$ 钻杆采用安全系数法由式（3-12）确定：

$$F_a = \frac{0.9F_y}{S_p} = \frac{0.9 \times 2358.97}{1.4} = 1516.5(kN)$$

$q_2 = 372.4N/m$ 钻杆采用拉力余量法由式（3-13）确定：

$$F_a = 0.9F_y - F_M = 0.9 \times 2358.97 - 400 = 1723.1(kN)$$

则取 $q_2 = 372.4N/m$ 钻杆的最大安全静拉力 $F_a = 1516.5kN$。

（4）使用钻杆柱许用长度计算。

由钻杆柱设计的强度条件建立关系式：

$$L_{c1}q_{c1}k_b\cos\alpha + L_{c2}q_{c2}k_b\cos\alpha \leqslant F_a$$

先考虑取强度较低的钻杆作为与钻铤连接的钻杆柱，127mm E级钢，取 $q = q_1 = 284.78N/m$ 钻杆，最大安全静拉力 $F_a = 1131.6kN$。计算钻杆柱许用长度为

$$L_{p1} \leqslant \frac{F_a - (L_{c1}q_{c1} + L_{c2}q_{c2})k_b\cos\alpha}{q_1 k_b}$$

$$=\frac{1131600-(80\times1606+118.8\times1212)\times0.827\times\cos3°}{284.78\times0.827}=3849.4(\text{m})$$

取 $L_{p1}=3849\text{m}$，则 $L_{c1}+L_{c2}+L_{p1}=4047.8\text{m}$，实际井深 5186m，钻杆柱长度不够。上部钻柱应另选比下段钻柱强度较高的钻杆组成，即由两种强度的钻杆组成"复合钻柱"结构。

上部钻柱考虑取比下段钻柱强度较高的钻杆组成钻杆柱，127mm E 级钢，取 $q=q_1=372.4\text{N/m}$ 的钻杆，最大安全静拉力 $F_a=1516.5\text{kN}$。由钻杆柱设计的强度条件建立关系式 $L_{c1}q_{c1}k_b\cos\alpha+L_{c2}q_{c2}k_b\cos\alpha+L_{p1}q_1k_b+L_{p2}q_2k_b\leqslant F_a$，计算上部钻杆柱许用长度为

$$L_{p2}\leqslant\frac{F_a-[(L_{c1}q_{c1}+L_{c2}q_{c2})k_b\cos\alpha+L_{p1}q_1k_b]}{q_2k_b}$$

$$=\frac{1516500-[(80\times1606+118.8\times1212)\times0.827\times\cos3°+3849\times284.78\times0.827]}{372.4\times0.827}$$

$$=1250.07(\text{m})$$

取 $L_{p2}=1250\text{m}$，则 $L_{c1}+L_{c2}+L_{p1}+L_{p2}=5297.8\text{m}$，实际井深 5186m，只需用钻杆柱 $L_{p2}=1138.2\text{m}$，长度足够。

（5）钻柱设计结果列表，见表 3-7。

表 3-7 钻柱设计结果

序号	钻具及尺寸	使用长度，m	单位长度重量，N/m	备注
1	127mm 钻杆（内径 101.6mm）	1138.2	372.4	E 级钢
2	127mm 钻杆（内径 108.6mm）	3849	284.78	E 级钢
3	158.8mm 钻铤（内径 71.4mm）	118.8	1212	
4	177.8mm 钻铤（内径 71.4mm）	80	1606	

设计完成。

若本井第三次开钻井深 4100m，钻柱设计井深 4100m，其他条件相同，由钻杆柱设计的强度条件建立关系式

$$L_{c1}q_{c1}k_b\cos\alpha+L_{c2}q_{c2}k_b\cos\alpha+L_{p1}q_1k_b\leqslant F_a$$

考虑取 127mm E 级钢、$q=372.4\text{N/m}$ 的钻杆，最大安全静拉力 $F_a=1516.5\text{kN}$。计算钻杆柱许用长度为

$$L_{p1}\leqslant\frac{F_a-(L_{c1}q_{c1}+L_{c2}q_{c2})k_b\cos\alpha}{q_1k_b}$$

$$=\frac{1516500-[(80\times1606+118.8\times1212)\times0.827\times\cos3°}{372.4\times0.827}=4193.5(\text{m})$$

只需用钻杆柱 $L_{p2}=4100-L_{c1}-L_{c2}=3901.2(\text{m})$，长度足够，则可由 127mm E 级钢、$q=372.4\text{N/m}$ 的钻杆加钻铤组成常规单一尺寸钻杆的钻柱结构。

第五节
卡钻及其处理

钻井过程中，各种原因造成的钻具陷在井内不能自由活动的现象，称为卡钻，主要包括

键槽卡钻、沉砂卡钻、井塌卡钻、压差卡钻、缩径卡钻、落物卡钻、砂桥卡钻、泥包卡钻及钻具脱落下顿卡钻等。地层构造情况、钻井液性能不良、操作不当等都可能造成卡钻，必须针对具体情况进行分析，以便有效解卡。

一、卡钻的类型、原因及预防措施

1. 键槽卡钻

键槽卡钻多发生在硬地层、井斜或方位变化大、形成狗腿的地方。钻进时，钻柱紧靠狗腿段旋转；起下钻时，钻柱在狗腿井段上下拉刮，在井壁上磨出一条键槽，起钻时钻头拉入键槽底部被卡住。

键槽卡钻的特征是下钻不遇阻，钻进正常，泵压也正常，但起钻到狗腿处常遇卡，随着井深的增加而更加严重；能下放但不能上提，严重时可能卡死。

要预防键槽卡钻的发生，首先得确保井眼质量，避免出现大斜度狗腿段；起钻或再次下钻时应在键槽井段反复划眼，及时破坏键槽，并在起钻到键槽井段时要低速慢起，平稳操作，严禁高速起钻。

2. 沉砂卡钻

在使用黏度小、切力小的钻井液钻进时，由于其悬浮携带岩屑的能力差，稍一停泵岩屑就会沉下来，停泵时间越长，沉砂就越多，严重时可能造成下沉的岩屑堵死环空，埋住钻头与部分钻柱，形成卡钻。此时若开泵过猛，还会惹漏地层，或卡得更紧。

沉砂卡钻的表现是：重新开泵循环，泵压很高或惹泵；上提遇卡，下放遇阻且钻具的上提下放越来越困难，转动时阻力很大甚至不能转动；接单根或起钻卸开立柱后，钻井液喷势很大。

为了预防沉砂卡钻，应确保钻井液的性能满足清岩和悬浮岩屑的要求，随时做好设备和循环系统的检查维护，在因故停止钻进时，避免停止井内循环；缩短接单根时间，在发现泵压升高及岩屑返出量较小时要控制钻速，加大排量洗井，停泵前要将钻具提离井底并随时活动钻具。

3. 井塌卡钻

井塌卡钻发生在吸水膨胀的泥页岩、胶结不好的砾岩砂岩等地层，在钻进或划眼过程中发生较多，主要原因是钻井液的失水量较大，浸泡地层的时间较长；钻井液密度小，或起钻未及时灌钻井液，以及抽吸作用使井壁产生坍塌而造成卡钻。

一般在严重井塌之前，先有大块滤饼和小块地层脱落，换钻头后下钻不能到底；有时在钻井液中携带出大块未切削的上部岩石；在钻进中突然发生整钻、上提遇阻泵压上升、惹泵甚至钻具不能转动等现象，都说明可能是井塌卡钻。

预防井塌卡钻的主要措施有：使用低失水、高矿化度和适当黏度的防塌钻井液，在破碎易塌地层适当增大钻井液密度，随时保证钻井液柱的高度；避免钻头泥包和抽吸作用引起的井壁坍塌。在准噶尔盆地南缘地区，地层情况较为复杂，地层压力的分布因构造、地层的不同存在很大差异，普遍存在异常高压，最大压力系数达到 2.45，钻井过程中常常遇到井壁坍塌卡钻事故。

4. 压差卡钻（黏附卡钻）

水平井钻井中井下钻具由重力作用靠近下井壁，在井下压差作用下，钻柱的一些部位会贴于井壁，钻柱与井壁滤饼黏合在一起，静止时间越长，则钻具与滤饼的接触面积就越大，由此而产生的卡钻，称为压差卡钻。

产生压差卡钻的原因主要是钻井液性能不好，密度过高造成井内压差太大；失水量大，滤饼厚，黏附系数大，一旦停止循环，不活动钻具，钻具就会与井壁滤饼接触，时间增加则会使接触面积和深度加大，滤饼对钻具的黏附力增加，导致钻具无法上下活动和转动，但能够开泵循环，且泵压正常稳定。

压差卡钻的预防措施主要是调节好钻井液性能，尽可能降低钻井液的密度，提高钻井液的润滑性能，降低滤饼的黏附系数；加强活动钻具，或采用加扶正器的方法使钻具居中。在钻井过程使用欠平衡钻井可以避免井漏，有效防止黏附卡钻。

5. 缩径卡钻

缩径卡钻常发生在膨胀性地层和渗透性孔隙度良好的井段。由于钻井液性能不好，失水量大，在井壁易形成胶状疏松的滤饼，当泵排量小、钻井液上返速度低时，易在滤饼上面沉淀较多的黏土颗粒岩屑及加重剂，致使井径缩小。

缩径卡钻的主要表现是：遇阻的位置固定，循环时泵压增大，上提困难，下放容易，起出的钻杆接头的上部经常有松软的滤饼。

采用低密度、低固相、低失水的优质钻井液，或其中混油，并在下钻遇阻井段划眼以扩大缩径处的直径，常活动钻具，可有效地预防缩径卡钻。塑性蠕变地层（包括盐层、膏层或含膏岩层、塑性泥岩地层）在一定的应力和温度作用下，具有明显的塑性蠕变能力。钻井中如钻井液形成的液柱压力不足以抵抗其塑性变形时，容易迅速产生严重的缩径卡钻。

6. 落物卡钻

由于操作不小心，油抹布、卡瓦牙、吊钳牙或其他小工具掉落井内，卡在井壁与钻具或套管与钻具之间而造成落物卡钻。这种卡钻是显而易见的，只要严格执行操作规程，加强责任心就可避免。

7. 砂桥卡钻

在地层或井筒内砂粒堆积而形成的砂拱或砂塞卡住钻柱的现象称为砂桥卡钻。预防的措施是及时清除"大肚子"井段，对"大肚子"井段加强循环。

此外，还有泥包卡钻、钻具脱落卡钻等类型，由此可以看出，卡钻的原因很多，因此，除积极预防卡钻发生外，还要在一旦发生卡钻时进行正确的判断分析，找出卡钻的真正原因，正确地采取有效措施及时解卡，避免事故进一步恶化。

二、卡点深度计算

1. 钻柱伸长量计算

在钻井起下钻、接单根时，整个钻柱是悬挂在转盘上的，将定量的原油打到环空卡点以上一定位置，采用强行提拉的办法容易造成超载、损坏设备，所以应尽量避免。

假设钻柱的截面面积为 A_p（忽略自重），下端受拉伸力 F_a 的作用（图3-10），则

$$\sigma = \frac{F_a}{A_p}, \varepsilon = \frac{\sigma}{E_s}$$

得

$$\varepsilon = \frac{F_a}{E_s A_p}$$

再由 $\dfrac{\Delta L}{L}=\dfrac{F_\mathrm{a}}{E_\mathrm{s}A_\mathrm{p}}$ 得

$$\Delta L=\frac{F_\mathrm{a}L}{E_\mathrm{s}A_\mathrm{p}}$$

因为
$$G=mg=\rho Vg=\rho_\mathrm{s}A_\mathrm{p}Lg$$

又因为
$$G=qL$$

所以
$$\rho_\mathrm{s}A_\mathrm{p}Lg=qL$$

推出
$$A_\mathrm{p}=\frac{q}{\rho_\mathrm{s}g}$$

最终得到

$$\Delta L=\frac{F_\mathrm{a}L\rho_\mathrm{s}g}{E_\mathrm{s}q}$$

$$L=\frac{E_\mathrm{s}A_\mathrm{p}\Delta L}{F_\mathrm{a}}=\frac{E_\mathrm{s}q\Delta L}{F_\mathrm{a}\rho_\mathrm{s}g} \tag{3-14}$$

式中　E_s——弹性模量，kPa；

　　　A_p——钻柱截面面积，m^2；

　　　L——卡钻深度，m；

　　　ΔL——钻柱伸长量，m；

　　　ρ_s——钻柱密度，$\mathrm{kg/m}^3$；

　　　q——每米钻柱重量，$\mathrm{N/m}$。

2. 钻柱在钻井液中的伸长量

1）由自重引起的伸长量 ΔL_1

假设钻柱的密度为 ρ_s，长度为 L，弹性模量为 E_s，纵向泊松比为 μ，流体的密度为 ρ_L，由于有微元段的质量 m_x 及体积 V_s（图 3-11），则

$$m_x=\rho_\mathrm{s}V_\mathrm{s}=\rho_\mathrm{s}A_\mathrm{p}\mathrm{d}x$$

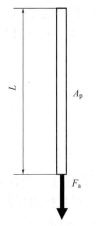

图 3-10　钻柱自重引起伸长量

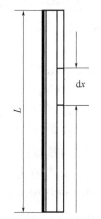

图 3-11　钻柱微元分析

所以，微元段中的力为

$$m_x g k_f \times 10^{-1} = m_x g \left(1 - \frac{\rho_L}{\rho_s}\right) \times 10^{-1} = 0.981 W_s \left(1 - \frac{\rho_L}{\rho_s}\right) dx$$

再由胡克定律可知

$$\Delta L_1 = \int_0^{L_1} \frac{m_x g k_f \times 10^{-1}}{E_s A_p} dx$$

积分后得

$$\Delta L_1 = 0.981 \frac{\rho_s L_1^2}{2 E_s} \left(1 - \frac{\rho_L}{\rho_s}\right)$$

式中　k_f——浮力减轻系数。

2）由静水压力作用引起的伸长量 ΔL_2

$$\Delta L_2 = \int_0^{L_1} \frac{2 \rho_L \mu}{E_s A_p} g \times 10^{-1} dx$$

积分后得

$$\Delta L_2 = 0.981 \frac{\rho_L L_1^2}{E_s} \mu$$

$$\Delta L = \Delta L_1 + \Delta L_2 = \frac{0.981 \rho_s L_1^2}{2 E_s} - \frac{0.981 \rho_s L_1^2 \times \rho_L}{2 E_s \rho_s} + \frac{0.981 \times 2 \rho_L L_1^2}{2 E_s}$$

$$= \frac{0.981 L_1^2}{2 E_s} [\rho_s - \rho_L (1 - 2\mu)]$$

钻柱遇阻卡深度为

$$L_p = \frac{E_s q \Delta L}{F \rho_s g}$$

3. 卡点理论公式及优化

1）理论公式

人们在研究物体受力特性时发现，绝大部分材料在拉力作用下发生弹性形变时所受的拉力与其伸长量之间有一定关系。基于这个原理关系，油田在测算卡点时，推导出下面的理论公式：

$$L = 0.1 E F \lambda / P \tag{3-15}$$

式中　L——卡点深度，m；

　　　P——上提拉力，kN；

　　　λ——钻具在拉力 P 作用下的伸长量，m；

　　　E——钢材的弹性系数，2.1×10^5 MPa；

　　　F——被卡管柱的截面积，cm^2。

现场进行操作时，就是在井下被卡管柱的抗拉强度范围内（即弹性形变范围内）用一定的上提力上提管柱，测得管柱在该上提力下的伸长量，然后根据面积公式再计算被卡管柱的截面积，这样运用公式(3-15) 就可以计算出卡点的深度，确定出卡点的位置。

2）经验公式

实际上，油田现场在计算卡点深度时经常使用的是经验公式。由于理论公式中要计算的数据比较多，计算起来也比较繁琐，所以人们在卡点理论计算公式的基础上，综合多年的工作经验，总结出下面的卡点经验计算公式：

$$L = 10^3 K\lambda / P \tag{3-16}$$

式中　L——卡点深度，m；

　　　P——多次上提平均拉力，kN；

　　　λ——钻具多次上提拉力作用下的平均伸长量，m；

　　　K——计算系数。

不同的管柱采用不同的计算系数。如 $2\frac{7}{8}$in 油管 K 值取 245，$3\frac{1}{2}$in 油管 K 值取 375，73mm 油管 K 值取 2450，73mm 外加厚钻杆 K 值取 3800，89mm 油管 K 值取 3750，89mm 钻杆 K 值取 4750。

从这两个公式中不难看出，它们适用于单一类型的井下管柱。也就是说，这两个公式都只有在井下管柱的规格类型一样时计算出的结果才比较准确。但是，对于海上油气田来讲，各生产井井下管柱类型单一的情况不但不多见，而且井下的管柱相对都比较复杂，所以在现场使用这两个公式进行卡点计算时，经常出现算出的卡点深度和实际的卡点深度相差很大的现象。

3）优化

对于由不同规格类型的管柱组成井下管柱（总长 L）的卡钻事故井，我们可以先将井下管柱按其规格类型从上往下分为第一类管柱（长 L_1）、第二类管柱（长 L_2）、第三类管柱（长 L_3）、……然后运用类推的方法利用卡点的理论计算公式求出第一类管柱在拉力（P）作用下的伸长量（λ_1），再将这一伸长量与通过 P 作用下实际测量得到的伸长量（λ）相比较。如果 $\lambda_1 \geq \lambda$，则说明卡点就在这种类型的管柱上，最后利用经验计算公式计算出具体的卡点位置；如果 $\lambda_1 < \lambda$，则说明卡点不在第一类管柱上。这样再利用理论公式求出在 P 作用下第二类管柱伸长 $\Delta\lambda_2$（λ_1 与 λ 的差值）长度时应该需要的长度 ΔL_2，如果 $\Delta L_2 \leq L_2$，则说明卡点在第二类管柱上，而卡点的深度为 $L_卡 = \Delta L_2 + L_1$；如果 $\Delta L_2 > L_2$，则卡点不在第二类管柱上。这样利用理论计算公式求出长度为 L_2 在 P 作用下第二类管柱的伸长量 λ_2，由此可知第三类管柱的伸长量为 $\Delta\lambda_3 = \lambda - \lambda_1 - \lambda_2$，根据 $\Delta\lambda_3$ 就可进一步确定卡点是否在第三类管柱上……

我们用一个流程图来形象说明具体的操作步骤（图 3-12）。从流程图不难看出，运用这种分类推算的方法计算出的卡点值要比笼统的计算值准确得多，因为它客观地考虑了不同类型管柱各自的伸长特性。

在此有一点需要提出，就是井下管柱并不只是由单一的油管或钻杆钻铤组成的，而是还带有滑套、密封段、扶正器等井下工具，但这些工具的长度相对都很短，与整个管柱相比，它们在同一拉力下的伸长量几乎很小。所以现场计算卡点时可以按属地原则来考虑，即和什么类型的管柱相连就属什么类型的管柱的一部分。

[例3-2]　SZ36-1 油田 D2 井是该油田区块上 D 平台的一口生产油井。对 D2 井进行修井作业时遇到卡钻事故，管柱不能提动。修井前 D2 井井下管柱是"Y"管电泵分采生产管柱，整个管柱由 $3\frac{1}{2}$in NU 油管（Y-BLOCK 上部）和 $2\frac{7}{8}$in EU 油管（Y-BLOCK 下部）以及滑套、定位密封段和隔离密封段等井下工具组成，管柱总长为 1910.44m，其中 $3\frac{1}{2}$in EU 油管长 1191.16m，$2\frac{7}{8}$in EU 油管和一些井下工具总长 719.28m。管柱遇卡后经过多次大力上提未能解卡，但测得在 450kN 的平均上提力下，管柱的平均伸长量为 2.55m，则以 $3\frac{1}{2}$in NU 油管为井下管柱，根据经验公式计算得到的卡点深度为

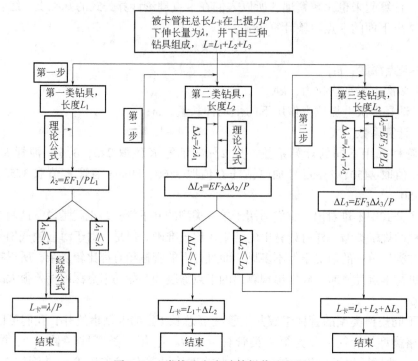

图 3-12　类推法卡点计算操作流程图

F_1、F_2、F_3—第一类管柱、第二类管柱、第三类管柱的截面积

$$L_1 = 375 \times 2.55 \times 103/450 = 2125(\text{m})$$

运用理论公式计算得到的卡点深度为

$$L_{11} = 0.1 \times 2.55 \times 2.1 \times 105 \times 16.7/450 = 1987.3(\text{m})$$

很显然，就这两个深度数值来讲，都已经远远超过井下生产管柱的总长，这是不可能的。而以 2⅞in EU 油管为井下管柱，根据经验公式计算得到的卡点深度为

$$L_2 = 245 \times 2.55 \times 103/450 = 1388.33(\text{m})$$

运用理论公式计算得到的卡点深度为

$$L_{22} = 0.1 \times 2.55 \times 2.1 \times 105 \times 11.68/450 = 1389.92(\text{m})$$

这就是说，根据当时井下管柱组合，该卡点应该在 Y-BLOCK 和定位密封段之间的 2⅞in EU 油管管柱上。而分析该井动管柱前的工作记录，并结合以往在 SZ36-1 油田类似油井发生卡钻的事例判断，这一部位发生卡钻的可能性很小，而在定位密封段（1728.73m）和圆堵（1910.44m）之间的分层生产管柱上发生卡钻的可能性却很大。因此，现场将 D2 井的井下管柱从距离定位密封段顶部 6.5m 的管柱位置处进行了爆炸切割处理，然后提出上部分被炸管柱，重新下入生产管柱。需要指出的是，在上提上部被炸管柱的过程中没有再发生遇卡现象，并且管柱全部起出后检查 1388.33m 的位置上下也没有发现被挂削和磨损的痕迹。

通过上面计算结果和对 D2 井处理的过程可以看出，理论公式和经验公式在复杂管柱情况下运用时，其计算结果准确性都会大大降低。类似这样的情形在其他油田上已经遇到过多次。众多的事实说明，无论是卡点理论公式还是卡点经验公式，在各油田产能要求越来越高、井下管柱越来越复杂的今天，在处理卡钻事故时单独运用的价值已经大大减小。

不妨假设卡点就在3½in NU 油管上，那么计算 1191.16m 的 3½in NU 油管在 450kN 拉力下的伸长量，根据理论公式计算应该为

$$\lambda_1 = L_1 P/(EF_1)$$
$$= 1191.16 \times 450 \times 10(2.1 \times 10^5 \times 16.7)$$
$$= 1.53(m)$$

也就是说，在 450kN 的上提力的作用下，1191.16m 的 3½in NU 油管不可能伸长 2.55m。这样就可以排除卡点在 3½in NU 油管上的可能性。那么多余的伸长量 1.02m(λ_2) 应该是由卡点以上的 2⅞in EU 油管产生的。既如此，在 450kN 的拉力下，产生 1.02m 的伸长量所需 2⅞in EU 油管的长度，根据经验公式计算为：

$$L_2 = 245 \times 10^3 \lambda_2/P = 245 \times 1.02 \times 10^3/450 = 555.33(m)$$

由此可知，管柱的卡点位置大致深度为

$$L_卡 = L_1 + L_2 = 1191.16 + 555.33 = 1746.49(m)$$

这一深度位置正好在定位密封段和第一个隔离密封段之间。这个计算结果不仅与原先的分析判断基本相符，而且印证了 D2 井的卡点就在定位密封段（1728.73m）和圆堵（1910.44m）之间的分层生产管柱上。

三、卡钻事故的处理方法

卡钻事故发生后，首先要根据上提、下放、转动、开泵循环情况，以及了解到的井眼情况和卡钻前的各种现象进行分析，准确判断出卡钻的原因，再采取相应的措施。但不管哪种性质的卡钻，都要设法调整钻井液的性能，及时清除岩屑，清洗井眼，一般常用以下几种方法进行解卡。

1. 浴井解卡

对于压差卡钻、泥包卡钻、缩径卡钻、沉砂卡钻等情况，可以采用浴井解卡。这种方法即是向井内泡油、泡盐水或采用清水循环等方式，泡松黏稠的滤饼，降低黏附系数，减少与钻具的接触面积，减少压差，从而活动钻具解卡。

在浴井之前，首先要计算出卡点的深度。根据胡克定律，在弹性极限内，钻杆的绝对伸长量与轴向伸长和拉力成正比，而与横截面积成反比。知道卡点深度后，计算出所需要的泡油量，将其注入卡钻井段，使黏附等卡钻解除。一般要求注入的原油量要返至卡点以上100m 左右，卡点以下钻具全部泡上原油，并使钻杆内的油面高于管外油面。

2. 上击、下击解卡

在钻进中遇到垮塌、黏性、膨胀性等易卡地层，可在钻杆与钻铤之间或在钻铤之间接上震击器，一旦遇卡，便立即上击或下击解卡。

起钻中遇卡，如缩径、键槽等引起的卡钻经活动不能解除时，可以在卡点处倒开钻具，再接上震击器，对扣后，下击解卡，然后循环洗井，慢慢上提钻柱。如还不能解卡，可以转动钻具倒划眼轻轻上提。下钻过程中遇阻，未能及时发现而导致卡钻，或较轻的滤饼黏附卡钻时，均可以用上击器向上震击解卡。

3. 上提下放和转动钻具解卡

在循环钻井液洗井的同时配合活动钻具，若卡得很严重时可以得到解决，但活动钻具要针对不同类型的卡钻来进行。如果是沉砂卡钻或井塌卡钻，则不能上提钻具，以免卡得更

死，那么可以下放和旋转钻具，并设法建立循环，用倒划眼的方法慢慢上提解卡。起钻遇卡（键槽卡钻、缩径卡钻或泥包卡钻）时，可提到原悬重后猛放钻，切不可猛力上提，以免将钻头卡得更死。下钻遇阻、压得过大而卡钻时，则应用较大的力量上提解卡。对于压差卡钻，可以采取猛提猛放和旋转钻具的方法使黏附卡钻得以解卡。

4. 倒扣套铣解卡

遇到严重的卡钻，用以上方法不能解卡且不能循环时，现场常用倒扣、套铣的方法来取出井内全部或部分钻具。倒扣是使转盘倒转，将井内正扣钻杆倒出。每次能倒出的钻杆数量取决于井内被卡钻具螺纹松紧是否一致，通常希望从卡点处倒开。对卡点以下的钻具，要下套铣筒将钻具外面的岩屑或落物碎屑等铣掉，然后再倒出钻具。这是一种比较复杂的处理方法，费时较长。

5. 爆炸倒扣、套铣

这是处理卡钻的一种新倒扣方法。首先测出卡点位置，然后用电缆将导爆索从钻具内送到卡点以上第一个接头处，在导爆索中部对准接头的同时，将钻具卡点以上的重量全部提起，并给钻具施加一定的倒扣力矩，点燃爆炸索使其爆炸；导爆索爆炸时产生剧烈的冲击波及强大的震动力，足以使接头部分发生弹性变形，及时把扣倒开。同时，由于导爆索爆炸产生大量的热，使钻杆接头处受热，熔化其中的螺纹油，并产生塑性变形，也有助于卸开螺纹。

这种方法具有安全、可靠、速度快、钻具一般不易破坏、不需要反扣钻具和打捞工具等优点，同时加快处理卡钻的速度，但要严格控制炸药量，并合理操作。倒扣后套铣、打捞。

6. 爆炸、侧钻新井眼

当用上述各种方法无效，或卡点很深，用倒扣方法处理很费时间，会使井眼严重恶化时，可将未卡部分钻具用炸药炸断起出，然后在留在井内的钻具顶上打水泥塞，进行侧钻。

钻井过程中，遇到特殊地层构造、钻井液的类型与性能选择不当、井身设计等原因都容易造成井下卡钻事故。在钻井中，钻井液尤为重要，钻井液的好坏决定了整个钻井成功与否。钻井液中的固相对钻速有较大影响，设清水的钻速为100%，固相含量升高到7%时钻速降为50%。研究表明，固相含量每降1%，钻速至少可提高10%；固相含量越高，越易造成井下卡钻事故。

思考题

1. 钻柱主要由哪几部分组成？其主要功用有哪些？
2. 为什么钻柱下部使用钻铤而不使用钻杆？
3. 钻柱在井下的运动形式可能有哪几种？
4. 井下钻柱受到哪些力的作用？最主要的作用力是什么？
5. 何谓钻柱的中性点？为什么要保证中性点落在钻铤上？
6. 钻柱的哪些部位受力最严重？都受到什么载荷的作用？
7. 钻柱设计应满足哪些要求？
8. 什么现象称为卡钻？常见的卡钻有几种类型？
9. 压差卡钻（滤饼黏附卡钻）是如何造成的？如何判断及预防？

第四章

井斜及其控制原理

第一节

钻头受力与井斜控制的实质

　　在钻井过程中，井眼产生倾斜和变向是很难避免的。出现井斜主要有三种原因：钻柱的弹性弯曲、地层的倾角变化和非均质性、井口安装质量欠佳。从降低成本、安全钻进、有利于机械采油、有利于开发方案的正确实施等方面考虑，希望将井斜控制在某一范围内。为此，要在钻井过程中采用一套符合力学原理的井底防斜和纠斜组合钻具，并采取相应的技术措施。

一、井斜与钻头上作用力方向的关系

　　在斜直井内，钻头附近的钻柱并不与井壁接触（图4-1）。距钻头某一高度后，钻柱才在切点处与井壁紧靠。光钻铤的切点高度为

$$h^4 = 10^{-3} \frac{24EIu^3}{q\sin\alpha \cdot 3(\tan u - u)} \frac{D_0 - d}{2}$$

其中

$$u = \frac{h}{2}\sqrt{\frac{p_0}{EI}}$$

式中　EI——钻铤的刚度；

　　　　p_0——钻压；

　　　　D_0——井眼直径；

　　　　d——钻铤外径；

　　　　q——单位长度钻铤在钻井液中的重量；

　　　　u——变形影响函数；

　　　　α——井斜角。

　　未加钻压时，钻头横向为切点以下钻柱重量在垂直井眼轴线方向的分力。这个力一般叫钟摆力。钟摆力是纠斜力。施加钻压后，则在钻头轴线方向

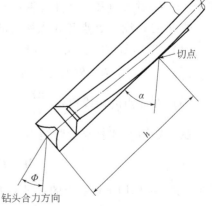

图4-1　钻头上的作用力方向

Φ——钻头合力与重线的夹角

产生压力。钻头上二力合力的方向 Φ 将是井眼钻进的方向。此时井斜角是增加、减小还是保持不变，取决于钻柱的物理特性、原始井斜角、井眼尺寸、地层造斜能力和钻井液密度等诸因素。

二、钻柱的弹性弯曲对井斜的影响

图 4-2 表示了斜直井内下部钻柱和钻头的相对位置。距钻头某一高度，钻柱在切点与井壁紧靠。DC 代表斜直井下侧井壁，与垂直方向成 α 角。AB 代表钻柱变形后的弹性线。A 为钻柱切点，B 处是钻头。今选用直角坐标系，坐标原点选在钻头处。X_2 代表中和点至钻头的距离，X_1 代表钻头至切点的垂直距离，均用无单位的长度表示。

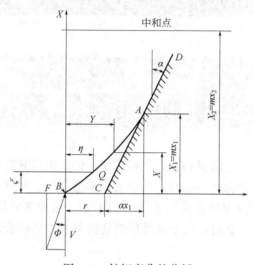

图 4-2　钻铤弯曲的分析

假定井斜角足够小，以至下列各式均成立：

$$\sin\alpha \approx \alpha, \cos\alpha \approx 1, \tan\alpha \approx \alpha$$

AB 两点之间的钻柱弯曲变形曲线，可以近似地表示为

$$Y = \frac{r}{\pi}\sin\frac{\pi X}{X_1} + (r + \alpha X_1)\frac{X}{X_1} \tag{4-1}$$

式中　r——井眼直径与钻柱（钻铤）外径之差之半。

式(4-1) 满足 B 点和 A 点所有的边界条件：

（1）当 $X=0$ 时，$Y=0$；当 $X=X_1$ 时，$Y=r+\alpha X_1$。

（2）在 A、B 两点处的弯矩为零，即当 $X=0$ 时，$Y''=0$；当 $X=X_1$ 时，$Y''=0$。

（3）在 A 点的切线角 $\alpha = \dfrac{\mathrm{d}Y}{\mathrm{d}X}$（$X=X_1$ 时）。

在 (X, Y) 坐标点上弯矩为

$$M = FX - VY + \int_0^x (Y - \eta)q\mathrm{d}s$$

式中　F——作用于钻头上的水平分力；

　　　V——作用在钻头上的垂直分力；

　　　η——在坐标 (X, Y) 点和 B 点之间的曲线上任意一点的横坐标。

由于坐标点（η，ξ）在 AB 曲线上，因此也满足式(4-1)，即

$$\eta = \frac{r}{\pi}\sin\frac{\pi\xi}{X_1} + (r+\alpha X_1)\frac{\xi}{X_1} \qquad (4-2)$$

同时注意到微元的重量为 $q\mathrm{d}s$。式中 q 为钻柱单位长重量。而 $\mathrm{d}s\cdot\cos\alpha=\mathrm{d}\xi$，所以 $\mathrm{d}s\approx\mathrm{d}\xi$。用 $\mathrm{d}\xi$ 代替 $\mathrm{d}s$ 后，将 m 代入钻柱的变形微分方程得到

$$EI\frac{\mathrm{d}^2Y}{\mathrm{d}X^2} = FX - VY + \int_0^x (Y-\eta)q\mathrm{d}\xi \qquad (4-3)$$

将式(4-2)代入式(4-3)并积分得

$$EI\frac{\mathrm{d}^2Y}{\mathrm{d}X^2} = FX - \frac{Vr}{\pi}\sin\frac{\pi X}{X_1} - \frac{VrX}{X_1} - V\alpha X + \frac{qr}{\pi}\times\sin\frac{\pi X}{X_1}$$

$$+ \frac{qrX^2}{2X_1} + \frac{q\alpha X^2}{2} + \frac{qrX_1}{\pi^2}\left(\cos\frac{\pi X_1}{X_1} - 1\right) \qquad (4-4)$$

由边界条件（2）得知，A 点的弯矩为零，即当 $X=X_1$ 时，$\dfrac{\mathrm{d}^2Y}{\mathrm{d}X^2}=0$。同时有

$$\left.\begin{array}{c} F = V\tan\Phi \approx V\Phi \\ V = qmx_2\cos\alpha \approx qmX_2 \\ X_1 = mX_1 \end{array}\right\} \qquad (4-5)$$

代入式(4-4)，整理后得

$$\frac{\Phi}{\alpha} = \frac{r}{\alpha m}\left[\frac{1}{X_1} - \frac{1}{X_2}\left(\frac{1}{2} - \frac{2}{\pi^2}\right) + 1 - \frac{X_1}{2X_2}\right] \qquad (4-6)$$

对式(4-4)积分一次，出现一个积分常数。利用边界条件 $X=X_1$，$\dfrac{\mathrm{d}Y}{\mathrm{d}X}=\alpha$，计算出积分常数，得到 $\dfrac{\mathrm{d}Y}{\mathrm{d}X}$ 的函数式。然后再积分一次，出现另一个积分常数。利用边界条件 $X=0$，$Y=0$，可以算出该常数，最后得到 Y 的函数式。再将 $X=X_1$ 时 $Y=r+\alpha X_1$ 的条件代入，并考虑到式(4-5)中的全部关系，最后得出

$$\frac{\Phi}{\alpha} = \frac{r}{\alpha m}\left[\frac{1}{X_1}\left(1 - \frac{3}{\pi^2}\right) + \frac{1}{X_2}\left(\frac{18}{\pi^4} - \frac{3}{2\pi^2} - \frac{3}{8}\right) - \frac{3}{X_1 X_2^2}\right] + 1 - \left(\frac{3}{8}\right)\left(\frac{X_1}{X_2}\right) \qquad (4-7)$$

式中　Φ——钻头上合力与垂线的夹角。

式(4-6)与式(4-7)相除，消去 Φ/α，解出

$$\frac{r}{\alpha m} = \frac{X_1}{\dfrac{24}{X_1^3} - \left(\dfrac{24}{\pi^2}\right)\left(\dfrac{X_2}{X_1}\right) + \left(\dfrac{28}{\pi^2} - \dfrac{144}{\pi^4} - 1\right)} \qquad (4-8)$$

联立式(4-7)和式(4-8)，消去 $\dfrac{r}{\alpha m}$ 项，得到包含未知数 $\dfrac{\Phi}{\alpha}$、X_1、X_2 的一方程。给定一个 $\dfrac{\Phi}{\alpha}$ 值后，便可得到 X_2 和 X_1 的函数式。给出一组不同的切点高度 X_1 值，便可得出一组相应的钻压值（即 X_2m 值）。将每一组对应的（X_1，X_2）值代入式(4-8)后，得到一组相应的 $\dfrac{r}{\alpha m}$ 值。给出不同的 $\dfrac{\Phi}{\alpha}$ 值，便可得出相应的 $\dfrac{r}{\alpha m}$ 值。用此方法可以绘制出不同钻压下 $\dfrac{\Phi}{\alpha}$ 与 $\dfrac{r}{\alpha m}$

曲线。图 4-3 是 6¼in 钻铤、8¾in 井眼，钻井液密度为 101b/ga1（1.198g/cm³）时的 $\dfrac{\Phi}{\alpha}$ 与 $\dfrac{\alpha m}{r}$ 的关系曲线，曲线 1~6 对应的钻压见表 4-1。

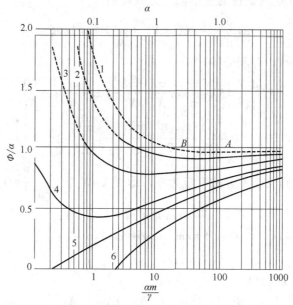

图 4-3　作用在钻头上合力的倾角 Φ 与井斜角 α 的比值和钻压、视半径 r 的关系曲线

表 4-1　图 4-3 中曲线 1~6 对应的钻压

曲线	1	2	3	4	5	6
钻井液密度,g/cm³	1.198					
钻压,lbf	36000	18000	9000	5400	4500	3600
钻压	8	4	2	1.2	1	0.8

[**例 4-1**]　钻铤外径为 6¼in(15.875cm)，内径为 2¼in(5.715cm)，单位长度重量为 90.5lbf/ft(1321N/m)，钻 8¾in(22.225cm) 井眼，钻压 360001bf(160136N)，钻井液密度为 10lb/ga1(1.198g/cm³)，浮力系数为 0.847，$E = 4.32 \times 10^8$psi(23.785×10^9kPa)。求井斜角。

解：钻铤截面的惯性矩为

$$I = \frac{\pi}{64}(D^4 - d^4) = \frac{\pi}{64}(6.25^4 - 2.25^4)\left(\frac{1}{12}\right)^4 = 0.00355(\text{ft}^4)$$

钻铤在钻井液中单位长度重量为

$$q = 90.5 \times 0.847 = 76.63\text{lbf/ft}(118.33\text{N/m})$$

$$m = \sqrt[3]{\frac{4.32 \times 10^9 \times 0.00355}{76.63}} = 58.50\text{ft}(17.83\text{m})$$

钻压为

$$mq = 58.50 \times 76.63 = 4483\text{lbf}(1994\text{N})$$

钻压折合成无量纲单位为

$$\frac{36000}{4483} = 8.03$$

这一钻压与图 3-3 上的曲线 1 相符。由曲线得知，当 $\frac{\Phi}{\alpha} = 1$ 时，查出 $\frac{\alpha m}{r} = 22.5$（B 点）。

$$r = \frac{1}{2} \times \frac{8.75 - 6.25}{12} = 0.1042\text{ft}(0.03176\text{m})$$

$$\alpha = 22.5 \frac{r}{m} = 22.5 \times 0.1042/58.50 = 0.0400\text{rad}$$

化成角度为

$$\alpha = 0.0400 \times 57.3 = 2.3°$$

这就是说，在上述钻压条件下，在均匀地层井段，井斜角 α 与钻头上的合力角 Φ 相等（$\Phi = \alpha$），井斜角将保持在 2.3° 下钻进。

如原来的井斜角是 10°，即对应于曲线 1 上的 A 点。此时，$\frac{\Phi}{\alpha} = 0.98$，即 $\Phi < \alpha$，于是作用于钻头上的合力将使井眼减斜，直至减到 B 点，保持平衡角 2.3° 下钻进为止。

图 4-4 是切点的位置曲线。这一曲线在作图 4-3 的过程中即可顺便作出。上例钻压为 36000lbf，平衡角下（$\Phi = \alpha$），$\frac{\alpha m}{r} = 22.5$，由曲线查出，切点与钻头相距 49ft（14.9352）；当井斜角为 10° 时，相距 37ft（11.2776）。

由以上分析可以看出，陈非采用非常小的、不经济的钻压进行钻进，否则弹性钻柱不可能钻出完全不斜的垂直井眼。因此钻柱弯曲是产生井斜的重要原因。

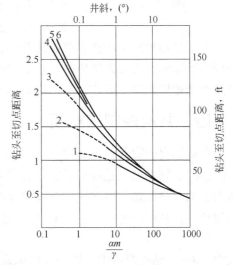

图 4-4　切点的位置曲线（图例数据与图 4-3 相同）

我们在导出上述诸关系式时，曾假定井斜角足够小。对于大井斜角，可以应用另外形式的曲线来拟合 AB 之间的弹性线，得到以下结果：

$$\frac{r}{m\sin\alpha} = \frac{X_1}{\dfrac{24}{x_1} - \left(\dfrac{24}{\pi^2}\right)\left(\dfrac{X_2}{X_1}\right) + \cos\alpha\left(\dfrac{28}{\pi^2} - \dfrac{144}{\pi^4} - 1\right)} \tag{4-9}$$

$$\frac{\sin\alpha - \tan(\alpha - \Phi)}{\sin\alpha} = \frac{r}{m\sin\alpha}\left[\frac{1}{X_1} - \frac{\cos\alpha}{X_2}\left(\frac{1}{2} - \frac{2}{\pi^2}\right)\right] + 1 - \frac{X_1}{2X_2}\cos\alpha \tag{4-10}$$

通过计算，对于大井斜角，上述方程的解与小井斜段假设是十分接近的。

三、非均质地层的井斜理论

实际地层是非均质的，不但各层之间的物理性能不同，地层的可钻性和层理倾角也不相

同。实践证明，平行于地层方向的可钻性差，而垂直于地层方向时岩层较易破碎。正因为如

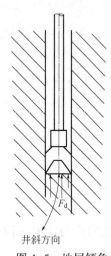

图 4-5　地层倾角
对井斜的影响

此，当钻头钻进一组有一定倾角的地层时，由于钻头上的地层反力不均——地层下倾方向的阻力大，上倾方向的阻力小，因此钻头上必然受一个来自地层下倾方向的作用力 F_d，促使井眼向上倾方向倾斜，以保持钻头按阻力最小的方向钻进，因而产生井斜，如图 4-5 所示。这一理论只能解决地层倾角较小的情况。当地层倾角很大时，钻头方向往往沿着层理方向钻进。

在各向异性地层钻进时，钻头不能按一定的方向钻进。常用各向异性指数和倾角表示其特性。各向异性指数与特定的岩性无关，是由经验确定出来的常数。

另一种地层可钻性理论认为，钻压在井底是均匀分布的。这样，当钻至更软的地层时，井眼将沿上倾方向倾斜；当钻至更硬地层时，井眼将沿下倾方向倾斜。

钻铤力矩理论则认为，当钻头由软地层钻至有倾角的硬地层时，井底的钻压不均匀。大部分钻压由硬地层承受，因而出现一个使钻铤切点与钻头之间的摆长减小的力矩，故向下倾方向增大了井斜趋势。

产生井斜的地层因素有明显的影响，但井斜角永远不会大于地层倾角。各种理论和大量现场实践证明，最大井斜角总是垂直于地层或平行于地层。根据 Lubiaski 理论，总的井斜角总是小于地层倾角。因此，当地层倾角不大时，井斜也不会很严重。

四、井斜控制的实质

在地层有一定倾斜的斜井中，钻头上存在着三个影响井斜的力，这就是 F_z、F_c 和 F_d（图 4-6）。弯曲后的钻柱与井眼中心线不相重合，而钻压是沿着钻柱轴线作用于钻头上的，根据力的向量原理，可将钻压分解成水平力 F_z 和垂直力 F_0（图 4-7）。水平力促使钻头向侧壁切削，从而产生井斜，故 F_z 称为增斜力，由下式计算：

$$F_z = p\sin\theta \tag{4-11}$$

式中　θ——钻柱弯曲中心线与井眼轴线之间的夹角；

　　　p——钻压。

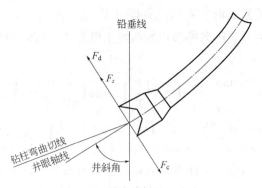

图 4-6　影响井斜的三个力

在钻进过程中，井眼将在增斜力作用下，不断增加井斜。但是，在井斜不断增大的过程

中，将会出现一个不断增大的减斜力。这个减斜力是切点以下钻柱自重 W 垂直于井眼轴线的分力。在钻头处，垂直于井眼轴线的分力方向刚好与钻压分力方向相反，大小可以近似地表示为

$$F_c = \frac{W}{2}\sin\alpha = \frac{1}{2}Lq\sin\alpha \qquad (4-12)$$

当减斜力 F_c 与增斜力 F_z 相等时，井斜将保持不变（指均质地层中），钻出一段斜直井。这一现象已为钻井实践所证实。这就是前述中的 $\dfrac{\Phi}{\alpha}=1$ 的情况。

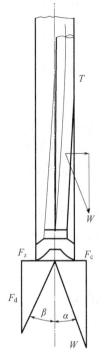

图 4-7　钻压在斜井内的分力
T—地层作用力

这三个力的方向和大小，将决定井斜的变化率和大小。F_d 是由地层特性所决定的，无法进行人为的控制。因此，控制井斜实质上是对弯曲钻柱的变形和受力进行控制的问题，即通过改变 F_z 和 F_c 大小和方向来达到改变井眼曲率和井斜角大小的目的。

由以上分析得知，由于钻具下部弯曲，要钻一口垂直井是不可能的。因此，人们逐渐认识到，将井斜控制在某一范围内就可以了，而无必要付出昂贵代价去追求钻垂直井眼。

防止井斜进一步增大的技术，称为防斜技术。实践证明，满眼钻具无论防斜还是稳斜都有显著效果。满眼钻具又称刚性组合钻具。因为这种钻具在钻头上部一段钻柱上装有多个外径与钻头直径接近相等的扶正器，因此这种钻具的显著特点是间隙小，刚度大，在较大钻压下它的弯曲较小，基本上仍能保持下部钻具在井眼中心，也就是钻柱弯曲后在钻头处的切线与井眼中心线之间的夹角很小，即增斜力 F_z 较小。钻头上所承受的地层造斜力 F_d 也由于间隙较小而受到很大限制。

除了多扶正器满眼钻具外，还有方钻铤满眼钻具、钻头稳定器等，这些都是利用刚性来防斜的，尚有增大纠斜力 F_c 的纠斜钻具，如钟摆钻具、偏心钻铤，以及从改变钻具弯曲方向来防斜的扁钻铤、变刚度组合钻具等。

总之，一切防斜钻具组合的工作原理，无不是从改变钻头上的合力的大小和方向、减小弯曲钻柱的转角出发，来达到控制井斜的目的。

五、非均质地层下的井斜计算

定量地解决非均质地层对井斜的影响是件复杂的工作。20 世纪 50 年代鲁宾斯基通过各向异性指数 h 将地层的造斜性能与井斜角联系起来。它反映了垂直于地层与平行于地层可钻性的差异。h 值来自实际钻井资料，可与地层造斜性一一相对应，为此可作出图版，以供查用。1983 年鲁宾斯基将地层造斜性分成了 21 级，并给出了各级相应的值。钻铤钻具实用图表的绘制及使用方法与 20 世纪 50 年代相同，只是将 h 值的上限 0.2 扩大到 0.557195 而已。单扶正器控制井斜的图表与 1955 年相同。鲁宾斯基原来认为扶正器实际安装高度比计算值（理想位置）低 0~10% 之间，但通过电子计算机计算表明，扶正器实际安装高度应比理论位置稍高一点为好。

　　另一种方法是通过一些简化假设，可得到与鲁宾斯基近似的结果，但公式简明、使用方便。下面将进行简要介绍。

　　利用各向异性指数的概念，以及井斜是钻头前进的轨道偏移原来井眼轴线方向的基本定义，可以导出地层的斜力 F_d 的简单计算式：

$$F_d = \frac{1}{2} ph \sin 2(\beta - \alpha) \tag{4-13}$$

式中　β——地层倾角；

　　　　a——井斜角。

　　由前述分析得知，作用在钻头上的总横向力为

$$F_T = F_z + F_c + F_d \tag{4-14}$$

　　当 F_T 指向上井壁时井斜就会增加，反之降低。当 $F_T = 0$ 时，钻头上的合力方向与井眼轴线相重合，井斜保持稳定。此时有

$$\frac{1}{2} Lq \sin\alpha - \frac{1}{2} ph \sin 2(\beta - \alpha) - p\sin\theta = 0 \tag{4-15}$$

由上式得到

$$h = \frac{\frac{1}{2} Lq \sin\alpha - p\sin\theta}{\frac{1}{2} p\sin 2(\beta - \alpha)} \tag{4-16}$$

　　如已知各向异性指数 h，则可由式（4-16）得到稳定井斜角下光钻铤的钻压：

$$p = \frac{\frac{1}{2} Lq \sin\alpha}{\frac{1}{2} h\sin 2(\beta - \alpha) + \sin\theta} \tag{4-17}$$

其中

$$\chi = 3(\tan u - u)/u^3, \quad u = \frac{L}{2}\sqrt{p/EI} \tag{4-18}$$

$$L^4 = \frac{24EIr}{q\sin\alpha \cdot \chi} \tag{4-19}$$

$$\theta = \frac{L^4 q\sin\alpha \cdot \chi}{24EI} + \frac{r}{L} \tag{4-20}$$

式中　θ——钻头偏斜角；

　　　　EI——钻铤刚度；

　　　　r——视半径，即井眼直径与钻铤直径之差的一半；

　　　　L——钻铤与井壁切点到钻头的距离；

　　　　χ——超越函数。

　　联立式（4-19）和式（4-20），即可得到 θ 和 L 值。根据地层倾角和钻具组合的实际钻井资料，由式（4-16）计算出相应地层的各向异性指数 h。然后应用式（4-20）计算出计划井斜角下的钻压值。

　　地层倾角一般可根据地震所提供的构造剖面资料确定。

　　如果将钟摆钻具扶正器当作固定支承处理，尚可得出下列方程：

$$F_{\mathrm{d}} = \frac{3}{8} Lq \sin\alpha \qquad (4-21)$$

$$\theta = \frac{L^3 q \sin\alpha \cdot \chi}{48EI} \qquad (4-22)$$

$$p = \frac{\frac{3}{8} Lq \sin\alpha}{\frac{1}{2} h \sin 2(\beta-\alpha) + \sin\theta} \qquad (4-23)$$

联立式(4-22)和式(4-23)，可解出任何计划井斜角下的扶正器安装高度及相应的钻压。

第二节
满眼钻具的近似计算

钻柱下部使用多扶正器的目的是使井眼稳斜和降斜，以保证在高钻压下将井斜角和井眼曲率控制在规定的范围内。扶正器正确安装在钻柱规定的位置上，可以使钻铤绝大部分重量集中在钻头上，并可减小钻柱和钻头上所承受的非井眼中心的其他外力。使用多扶正器后，由于下部钻柱与井眼基本保持同轴状态，从而减小了钻具上的扭矩，防止了钻铤与井壁长距离接触，因此也就相应地减小了形成键槽和产生压差卡钻的可能性。

一、扶正器在钻柱中的位置

在满眼钻具（安装在钻柱下部，刚度较大而且半径较大，与井眼间隙较小）中常使用三个扶正器。最下面一个紧靠钻头，起着找中钻头、防止跑牙轮的作用，同时也起着增大刚度、稳定井斜的作用。一般称靠近钻头的扶正器为近钻头扶正器，装于钻柱顶部的叫上扶正器，装于钻柱中部的叫下扶正器（图4-8）。正确计算出上、下扶正器的位置，对满眼钻具防斜和纠斜能力有决定性的影响。

在斜直井中，上、下扶正器均与井壁下侧相接触。由于地层倾斜或其他因素，井变斜了，此时下扶正器与上侧接触，而上扶正器与井壁下侧相接触（图4-8）。下扶正器相当于一杠杆支点。弯曲变形的钻柱所产生的弹力将通过这一支点，使钻头切削下井壁而起稳斜和降斜作用。显然，下扶正器的横向位移越大，钻头切削下井壁的力量就越大。而横向位移的大小决定于井斜变化率和上、下扶正器与钻头之间的位置。

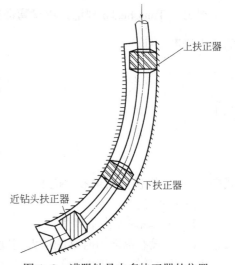

图4-8 满眼钻具中多扶正器的位置

二、下扶正器横向位移

下扶正器横向位移 $\Delta\delta$ 与井眼曲率 $\Delta\theta$ 有以下关系：

$$\Delta\delta = \frac{\Delta\theta h^2(1-a)a}{11460} - 0.001(1+a)c/2 \qquad (4-24)$$

其中

$$c = \frac{D_0 - D_s}{2}$$

式中 h——下扶正器安装高度；

a——钻头到下扶正器的高度与钻头到上扶正器高度之比；

c——钻头与扶正器之间的间隙；

D_0——井眼直径，mm；

D_s——扶正点直径，mm。

式（4-24）右端第一项是无间隙时下扶正器的横向位移，第二项表示间隙 c 对横向位移的影响。

三、钻头上的横向力

如图4-8所示的扶正器组合，可以近似地简化为两端铰支、承受横向和纵向载荷的纵横弯曲梁，如图4-9所示。

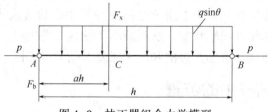

图4-9　扶正器组合力学模型

根据 S. Timosheako 理论，纵横弯曲梁的最大挠度，近似地等于放大系数 $\left(\dfrac{1}{1-\beta}\right)$ 乘普通梁的最大挠度，即

$$f_x = \frac{\delta}{1-\beta}$$

其中

$$p_{cr} = \frac{\pi^2 EI}{h^2}$$

$$\beta = \frac{p}{p_{cr}}$$

式中 f_x——纵横弯曲梁最大挠度；

p——轴向力；

p_{cr}——轴向压力临界值；

δ——没有纵向力时梁的最大挠度。

由材料力学知，均布载荷 $q\sin\alpha$ 在 C 点处的挠度（$p=0$ 时）为

$$\delta_1 = \frac{q\sin\alpha}{24EI}(1-2a^2+a^3)h^4$$

反力 F_x（下扶正器）在 C 点的挠度为

$$\delta_2 = \frac{a^2(1-a)^2}{3EI}F_x h^3$$

显然，非最大挠度外的其他挠度值只能近似地应用放大系数的办法解决。于是，下扶正器处的挠度为

$$f_x = \frac{\delta_1 + \delta_2}{1-\beta} = \left[\frac{q\sin\alpha}{24EI}(1-2a^2+a^3)h^4 + \frac{a^2(1-a)^2}{3EI}F_x h^3\right]\frac{1}{1-\beta} \tag{4-25}$$

f_x 应与下扶正器处的横向位移相等。令式（4-24）与式（4-25）相等后，解出下扶正器处的反力：

$$F_x = \left\{\left[\frac{\Delta\theta(1-a)ah^2}{11460} - 0.001\frac{(1+a)c}{2}\right](1-\beta) - \frac{q\sin\alpha}{24EI}(1-2a^2+a^3)h^4\right\}\frac{3EI}{a^2(1-a)^2h^3} \tag{4-26}$$

对上扶正器 B 取矩，可得到钻头处的侧向力：

$$F_b = (1-a)F_x + \frac{1}{2}hq\sin\alpha$$

将式（4-26）代入并整理，得到

$$F_b = \frac{3\Delta\theta EI(1-\beta)}{11460ah} - \frac{0.003cEI(1-\beta)(1+a)}{2a^2h^3(1-a)} - \frac{(1+a-a^2)gh\sin\alpha}{8a} + \frac{qh\sin\alpha}{2} \tag{4-27}$$

由式（4-27）可以看出：

（1）第一项表明，井斜变化率越大，F_b 越大；

（2）第二项表明，钻头与扶正器间隙越小，F_b 越大，纠斜能力越强。

四、扶正器的极限高度和最佳高度

霍奇（R. S. Hoch）以钻柱失稳作为扶正器的最大安装高度。但由此可能出现钻柱尚未失稳，钻柱因井斜产生的横向力使下扶正器离开了井壁，失去控制作用。因此，以扶正器刚不离开井壁作为极限条件是更合理的做法，即 $F_x = 0$。由式（4-26）得到极限高度：

$$h_{cr} = \left(\frac{-c_2 + \sqrt{c_2^2 + 4c_1c_2}}{2c_1}\right)^{0.5} \tag{4-28}$$

其中

$$c_1 = (a^2 - a - 1) - \frac{24\Delta\theta p}{11460\pi^2 q\sin\alpha}$$

$$c_2 = \frac{0.012c(1+a)}{a(1-a)q\sin\alpha}\frac{p}{\pi^2} + \frac{24EI\Delta\theta}{11460q\sin\alpha}$$

$$c_3 = \frac{0.01CEI(1+a)}{a(1-a)q\sin\alpha}$$

扶正器的最佳安装高度，显然应使钻头的纠斜力达到最大值作为条件来确定。横向纠斜力越大，降斜和稳斜能力就越大。对式（4-27）求导，令其为零，即可得到最佳安装高度的计算公式：

$$h_{op} = \left(\frac{-B + \sqrt{B^2 - 2AC}}{A}\right)^{0.5} \tag{4-29}$$

其中

$$A = q\sin\alpha\left[1 - \frac{(1+a-a^2)}{4a}\right] - \frac{6\Delta\theta p}{11460a\pi^2} \tag{4-30}$$

$$B = -\frac{3\Delta\theta EI}{11460a} - \frac{0.003(1+a)p}{2a^2(1-a)\pi^2}\frac{D_o - D_s}{2} \tag{4-31}$$

$$C = \frac{0.009EI(1+a)}{2a^2(1-a)} \frac{D_o - D_s}{2} \tag{4-32}$$

式（4-29）即为修正的霍奇公式。式中 a 值一般在 0.1~0.4 之间变化。a 值可以根据获得最大纵斜力 F_b 的条件来确定。不同以 F_b 最大值相对应的 a 和 h_{op}。值得注意的是，a 值不能过小，否则下扶正器难以紧贴井壁上侧。

[例 4-2]　17.78cm（7in）钻铤，$EI = 9728589\text{N} \cdot \text{m}^2$，$q = 1294.48\text{N/m}$（在钻井液密度为 1.2g/cm³ 中的浮重）。$\alpha = 3°$，$\Delta\theta = 5°/100\text{m}$，$D_o = 216\text{mm}$，$D_s = 192\text{mm}$。钻压 $p = 147100\text{N}$，比值 a 取 0.2。求下扶正器最佳安装高度。

代入公式（4-29）至公式（4-32）计算出 $A = -245.82$，$B = 73729.14$，$C = 19700491$，求出 $h_{op} = 24.4895\text{m}$，因此下扶正器距钻头的距离 $ah_{op} = 4.9879\text{m}$。

第三节
近钻头扶正器在防斜中的作用

在刚性满眼钻具中常使用三个扶正器。最下面一个扶正器，国内有时装在钻头以上 0.5~1m 左右，国外大多数情况下直接与钻头相接。近钻头扶正器起着找中钻头、防止跑牙轮的作用，同时也起着增大刚度、稳定井斜的作用。

实践证明，是否安装或安装几个近钻头扶正器，其防斜和纠斜效果差别显著。这是因为近钻头扶正器与钻头组合成一刚度很大的扶正短节，它可以进一步限制钻头的横向位移。这一点与井下使用方钻铤在性能上是接近的。此时钻头轴线与井眼轴线最大临界偏移角（图 4-10）为

$$\alpha_0 = \arctan\frac{10^{-3}\Delta\delta_0}{L} \approx \frac{10^{-8}\Delta\delta_0}{L}$$

其中

$$\Delta\delta_0 = \frac{1}{2}(D_o - D_{so})$$

式中　$\Delta\delta_0$——近钻头扶正器与钻头之间的间隙，mm；

D_{so}——近钻头扶正器的外径，mm；

L——近钻头扶正器与钻头串联长度，m。

临界偏移角 α_0 越小，进一步增斜的可能性就越小。此时只要给予适当的纠斜力，近钻头扶正器就能起着有效的防斜作用。为了得到较小的 α_0 角，可以减小间隙 $\Delta\delta_0$，或加长串联扶正器的组合长度 L。因此，在实践中往往将近钻头扶正器的外径选得和钻头一样大，有时也使用三点式或六点式扩眼器来代替近钻头扶正器。

G.E.Wilson 曾推荐，在轻度、中度和严重井斜趋势的井眼内，近钻头扶正器分别采用一个扶正器、两个扶正器（或一个扶正器加一个扩眼器）、三个扶正器（或两个扶正器加一个扩眼器），见图 4-11。在井斜趋势严重的井底采用三个近钻头扶正器串联，实质上也是加大 L 值，减少偏移角。

采用多个近钻头扶正器，同时还可增大组合钻具的刚度。由于钻头与多个近钻头扶

正器串联后是一个刚度很大的短节，因此井底整个钻具组合变形后在钻头处的倾角也可减小。

在钻头与下扶正器之间装一个短方钻铤，组成刚性钻具，其防斜效果类似于多个近钻头扶正器串的作用，如图 4-12 所示。

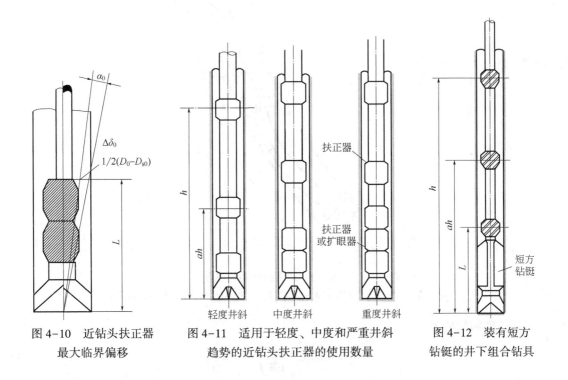

图 4-10　近钻头扶正器　　　图 4-11　适用于轻度、中度和严重井斜　　　图 4-12　装有短方
最大临界偏移　　　　　　趋势的近钻头扶正器的使用数量　　　　　　钻铤的井下组合钻具

第四节

纵横弯曲梁理论在井下组合钻具变形与受力分析中的应用

用微分方程计算弯曲井眼内扶正器位置时，参数众多，难度较大。近年来已成功地将纵横弯曲梁理论引入了斜直井内钻具组合的受力与变形的分析工作。实践证明，这一方法用来研究下部钻具组合是卓有成效的。

本节将以弯曲井眼内钟摆钻具的受力与变形为例，详细讨论这一理论是如何用来进行钻具组合分析的，并将这一方法推广到多扶正器满眼钻具、双扶正器钟摆钻具以及变刚度组合钻具的计算中去。

一、弯曲井眼内钻具组合的基本假设及钟摆钻具的力学模型

应用纵横弯曲梁理论来分析井底钻具组合时有两点基本假定：

（1）钻头和扶正器可作为球铰支承；

（2）最大井斜角及井眼曲率对钻压的影响可以略去。

图 4-13 是弯曲井眼内的钟摆钻具示意图。图中钻头、扶正器以及钻铤与井壁的切点可

作为纵横梁的三个支点。因此，三个支点之间的钻具组合实际上是横向载荷 W_x、钻压 p_0、钻铤自重、接触点处反弯矩 M_C 共同作用下的纵横弯曲连续梁，力学模型如图 4-14 所示。

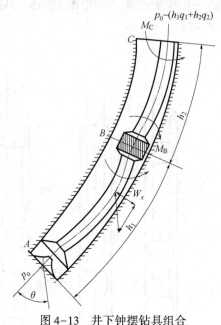

图 4-13　井下钟摆钻具组合

p_0—钻压；M_3—B 点弯矩；W_x—横向载荷；θ—偏移角；h_1、h_2—钻具长度

梁的横向载荷为

$$W_x = q_i \sin\left(\alpha - \frac{x\Delta\theta}{100}\right) \quad (i = 1, 2) \tag{4-33}$$

考虑到一般情况下井眼曲率并不大，用分段平均横向载荷来代替正弦分布的横向载荷也能充分保证精度，如图 4-14 所示。

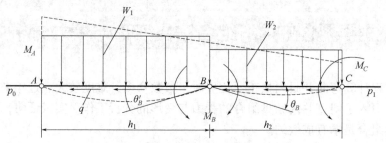

图 4-14　钟摆钻具的纵横弯曲梁力学模型

p_0、p_1—钻压；θ_B'、θ_B—偏移角

$$\left.\begin{array}{l} \text{第一段平均横向载荷}\quad W_1 = q_1 \sin\left(\alpha - \frac{\Delta\theta}{100} \cdot \frac{h_1}{2}\right) \\[3mm] \text{第二段平均横向载荷}\quad W_2 = q_2 \sin\left[\alpha - \frac{\Delta\theta}{100}\left(h_1 + \frac{h_2}{2}\right)\right] \end{array}\right\} \tag{4-34}$$

上述 q_1、q_2 表示钻铤在钻井液中单位长度的重量。下脚 1、2 代表不同规格的钻铤。

二、纵横弯曲梁的变形与叠加原理

在应用纵横弯曲梁理论时，常要引用一些不同横向载荷下梁的挠度和转角计算公式。下面列出本节要使用的几种公式。这些公式的推导在有关教科书中均可找到。

1. 均布载荷

均布载荷纵横梁如图 4-15 所示，梁的挠度和转角计算公式为

$$\left.\begin{array}{ll}
\text{中点挠度} & y_o=\dfrac{5}{384}\dfrac{Wh^4}{EI_i}N_i\left(x=\dfrac{h}{2}\right)\\[3mm]
\text{距左端 } ah \text{ 处的挠度} & y_a=\dfrac{5}{384}\dfrac{Wh^4}{EI_i}Z_i(x=ah)\\[3mm]
\text{左端转角} & \theta_A=\dfrac{Wh^3}{24EI_i}-X_i(x=0)\\[3mm]
\text{右端转角} & \theta_B=\theta_A(x=h)
\end{array}\right\} \quad (4\text{-}35)$$

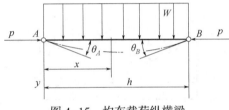

图 4-15　均布载荷纵横梁

式中　N_i、Z_i、X_i——轴向力对横向变形的影响函数，用该函数乘以无轴向力下的挠度便得到有轴向力下的挠度；

　　　　a——长度系数，对于中点 $a=0.5$。

2. 端部作用

端部作用纵横梁如图 4-16 所示，梁的挠度和转角计算公式为

$$\left.\begin{array}{ll}
y_o=\dfrac{M_Bh^2}{4EI_i}\Lambda_i & (x=h/2)\\[3mm]
y_a=\dfrac{M_Bh^2}{4EI_i}\beta_i & (x=ah)\\[3mm]
\theta_A=\dfrac{M_Bh}{6EI_i}\Phi_i & (x=0)\\[3mm]
\theta_B=\dfrac{M_Bh}{6EI_i}\Psi_i & (x=h)
\end{array}\right\} \quad (4\text{-}36)$$

Timoshenko 证明，在多种载荷作用于受轴向力的梁时，总的变形可由各个横向载荷单独与轴向力 p 共同作用时所产生的变形叠加得到，这就是纵横弯曲下的叠加原理。

3. 两端作用

两端作用纵横梁如图 4-17 所示，梁的挠度和转角计算公式为

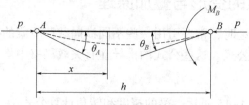

图 4-16　端部作用纵横梁

$$
\left.\begin{array}{ll}
y_o = \dfrac{M_B h^2}{4EI_i}\Lambda_i + \dfrac{M_A h^2}{4EI_i}\Lambda_l & (x = h/2) \\[3mm]
\theta_A = \dfrac{M_A h}{3EI_i}\Psi_i + \dfrac{M_B h^2}{6EI_i}\Phi_i & (x = 0) \\[3mm]
\theta_B = \dfrac{M_B h}{3EI_i}\Psi_i + \dfrac{M_A h}{6EI_i}\Phi_i & (x = h)
\end{array}\right\}
\qquad (4\text{-}37)
$$

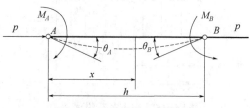

图 4-17　两端作用纵横梁

4. 集中力纵横梁

集中力纵横梁如图 4-18 所示，梁的挠度和转角计算公式为

$$
\left.\begin{array}{ll}
y_o = \dfrac{F h^3}{3EI_i} - A_i & (x = ah) \\[3mm]
\theta_A = \dfrac{p h^2}{6EI_i} - K_i & (x = 0) \\[3mm]
\theta_B = \dfrac{p h^2}{6EI_i} M_i & (x = h)
\end{array}\right\}
\qquad (4\text{-}38)
$$

图 4-18　集中力纵横梁

以上共 10 种类型的挠度和转角的影响函数已列入表 4-2 内，表中：

$$
-\frac{5}{280}u_i = \frac{h_i}{2}\sqrt{p_i / EI_i}
\qquad (4\text{-}39)
$$

表 4-2　变形影响函数

序号	载荷类型	代表符号	超越函数（变形影响函数）
1	均布载荷	N_i	$24\left(\dfrac{1}{\cos u_i}-1-\dfrac{u_i^2}{2}\right)/\left(5u_i^4\right)$
2		Z_i	$\dfrac{24}{5u_i^4}\left[\dfrac{\cos u_i(1-2a)}{\cos u_i}-1-2u_i a(1-a)\right]$
3		X_i	$3(\tan u_i-u_i)/u_i^3$
4	端部弯矩	Λ_i	$\left(\dfrac{\sin u_i}{\sin 2u_i}-\dfrac{1}{2}\right)/u_i^2$
5		B_i	$\left(\dfrac{\sin 2au_i}{\sin 2u_i}-a\right)/u_i^2$
6		Φ_i	$\dfrac{3}{u_i}\left(\dfrac{1}{\sin 2u_i}-\dfrac{1}{2u_i^2}\right)$
7		Ψ_i	$\dfrac{3}{2u_i}\left(\dfrac{1}{2u_i}\rightarrow\dfrac{1}{\tan 2u_i}\right)$
8	集中载荷	A_i	$\dfrac{3}{4u_i^2}\left[\dfrac{\sin 2(1-a)u_i\cdot\sin 2au_i}{2u_i\sin 2u_i}-(1-a)a\right]$
9		K_i	$\dfrac{3}{2u_i^2}\left[-\dfrac{\sin 2(1-a)u_i}{\sin 2u_1}-(1-a)\right]$
10		M_i	$\dfrac{3}{2u_i^2}\left(a-\dfrac{\sin 2au_i}{\sin 2u_i}\right)$

注：u_i 的下脚标 $i=1$，2，3，…分别代表用扶正点分开的各不同长度 h_i、不同纵向力 p_i、不同刚度 EI_i 的钻柱的 u 值。

现以计算霍奇公式中下扶正器处横向位移为例，说明如何使用表 4-2 中的超越函数。由图 4-12 得知，可近似地用平均均布载荷和集中反力叠加得到总的位移：

$$\delta_1=\frac{5}{384}\frac{Wh^4}{EI}Z=\frac{5}{384}\frac{h^4q\sin\alpha}{EI}Z$$

$$\delta_2=\frac{F_x h^3}{3EI}A$$

于是

$$\delta_1+\delta_2=\frac{5}{384}\frac{h^4q\sin\alpha}{EI}Z+\frac{F_x h^3}{3EI}A=f_x$$

将 f_x 代入上式，解出 F_x 值，得到

$$F_x=\left[\frac{\Delta\theta(1-a)ah^2}{11460}-0.001\frac{(1+a)(D_o-D_s)}{4}-\frac{5}{384}\frac{h^4q\sin\alpha}{EI}Z\right]\frac{3EI}{h^3A}$$

对 B 点取矩，求出钻头上的纠斜力

$$F_b=\frac{1}{2}qh\sin\alpha+\frac{3EI(1-a)}{Ah^3}\left[\frac{\Delta\theta(1-a)h^2}{11460}-0.001\frac{(1+a)(D_o-D_s)}{4}-\frac{5}{384}\frac{h^4q\sin\alpha}{EI}Z\right]$$

由此可以看出，应用表 4-2 上的超越函数，可以比较方便地列出计算井下钻具组合上的变形与转角方程。

三、边界条件及影响因素

1. 边界条件

由图 4-17 得知：

（1）在 A 端，根据假定，$M_A=0$。

（2）在 C 端，钻铤在横向力下紧靠井壁，因而认为钻铤在此处的弯曲曲率与井眼曲率相等，由此得出 $M_C=\dfrac{EI\pi}{180}\dfrac{\Delta\theta}{100}$。

2. 钻铤自重的影响

由于钻铤自重的存在，梁各截面上的轴向压力是不相等的。A 点的轴向压力为钻压 p_0，在 B 点则为 $(p_0-h_1q_1)$，在 C 点的轴向压力为 $p_0-(h_1q_1+h_2q_2)$（图 4-14）。Timoshenkoi 证明，自重对轴弯曲的复杂影响，可用梁的中间截面上相当压力来代替轴向压力，便可获得良好结果。今假定有三个扶正器的钻柱连续梁，各梁端部的相当压力分别为

$$\left.\begin{aligned}p_1&=p_0-\frac{h_1}{2}q_1\\p_2&=p_0-\left(h_1q_1+\frac{h_2}{2}q_2\right)\\p_3&=p_0-\left(h_1q_1+h_2q_2+\frac{1}{2}h_3q_3\right)\end{aligned}\right\} \tag{4-40}$$

式中　q_1、q_2、q_3——各段不同规格钻铤在钻井液中的重量。

3. 直径差和井眼曲率的影响

在弯曲井眼内，连续梁三个扶正器不在同一直线上，将影响连续梁下扶正器上的弯矩值。常以下扶正器附加一个转角的形式，通过三弯矩方程来考虑这一因素。

影响下扶正器转角的因素，一个是扶正器外径与钻铤外径、井眼直径不相同，另一个因素是井眼的弯曲。转角分别为

$$\left.\begin{aligned}\beta_A&=10^{-3}\frac{D_o-D_{s1}}{2h_1}+\frac{\pi h_2\Delta\theta}{36000}\\\beta_B&=10^{-3}\frac{D_{s1}-D_{s2}}{2h_2}-\frac{\pi h_1\Delta\theta}{36000}\end{aligned}\right\} \tag{4-41}$$

式中　D_{s1}、D_{s2}——下扶正器与上扶正器的外径，mm；

　　　D_o——井眼直径，mm。

如果钟摆钻具只装一个扶正器，则 $D_{s2}=d$，d 为钻铤直径。

四、钟摆钻具变形协调方程

如图 4-14 所示的连续梁可以分离为两个纵横弯曲的单跨梁，下扶正器用弯矩 M_B 代替（图 4-19）。

下扶正器左端梁在 B 点的转角用 θ'_B 表示，右端梁在 B 点的转角用 θ''_B 表示，由于梁的连续性，故有

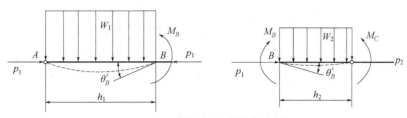

图4-19 钟摆钻具分离单跨梁

$$\theta'_B = -\theta''_B \tag{4-42}$$

根据纵横弯曲连续梁变形叠加原理，同时考虑到扶正器的沉降，B 点处左右转角分别为

$$\left. \begin{aligned} \theta'_B &= \frac{W_1 h_1}{24EI_1}\chi_1 + \frac{M_B h_1}{3EI_1}\Psi_1 - \beta_A \\ \theta''_B &= \frac{W_2 h_2}{24EI_2}\chi_2 + \frac{M_B h_2}{3EI_2}\Psi_2 + \frac{M_C h_2}{6EI_2}\Phi_2 + \beta_B \end{aligned} \right\} \tag{4-43}$$

将式（4-62）和 M_C 值代入式（4-42）后得到

$$M_B\left(\frac{h_1}{3EI_1}\Psi_1 + \frac{h_2}{3EI_2}\Psi_2\right) = \beta_A - \beta_B - \left(\frac{W_1 h_1^3}{24EI_1}\chi_1 + \frac{W_2 h_2^3}{24EI_2}\chi_2\right) - \frac{\pi h_2 \Delta\theta}{108° \times 1000}\Phi_2 \tag{4-44}$$

五、钟摆钻具扶正器上部钻铤的变形方程

钻铤在井壁切点处的弦切角（图4-20）为

$$\beta_1 = \frac{\Delta\Phi}{2} = \frac{h_2}{2}\frac{1}{R} = \frac{\pi h_2 \Delta\theta}{18000}$$

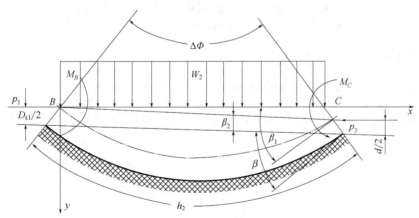

图4-20 扶正器以上钻铤的受力与几何关系

此角就是钻铤在该处的转角。由于扶正器比钻铤直径大，在切点处形成另一个转角

$$\beta_2 = \frac{D_{s1} - d}{2h_2}$$

钻铤在切点处的总转角为 $\beta_1 + \beta_2$。此转角应与钻铤在均布载荷 W_2 和弯矩 M_C 及 M_B 作用下引起的转角相等。由纵横梁叠加原理得出

$$\frac{M_C h_2}{3EI_2}\Psi_2 + \frac{M_B h_2}{6EI_2}\Phi_2 + \frac{W_2 h_2^3}{24EI_2}\chi_2 = \frac{\pi h_2 \Delta\theta}{18000} + \frac{D_{s1}-d}{2h_2 \cdot 10^3} \tag{4-45}$$

在斜直井内，方程(4-45)中 $\Delta\theta=0$，$M_C=0$，$M_B=0$（相当于钻头处）时，得到斜直井内光钻铤与井壁切点高度的超越方程。如果将 W_2、h_2、D_{s1}、EI_2 变换成 W_1、h_1、D_o、EI_1，则式(4-45)为

$$\frac{W_1 h_1^3}{24EI_i}\chi_1 = \frac{D_o-d}{2h_1}10^{-3}$$

查出 χ_1 后代入上式，得到

$$h_1^4 = \frac{24EI_1 u_1^3}{q_1 \sin\alpha \cdot 3(\tan u_1 - u_1)} \frac{D_o-d}{2}10^{-3}$$

六、扶正器以下钻铤中点允许的挠度

要充分发挥钟摆钻具（其他组合钻具也一样）的钟摆纠斜力的作用，希望 h_1 尽可能大，但由此也必然引起钻铤中点的挠度增大。显然，最大挠度不能超过井眼的横向位移。钻柱中点与井壁之间允许的最大变形距离为

$$f_{max} = \frac{\pi}{144}\frac{h_1^2 \Delta\theta}{10^3} + \left(\frac{D_o-d}{2} - \frac{D_o-D_{s1}}{4}\right)10^{-3}$$

钟摆钻具下部钻铤，在横向载荷及弯矩 M_B 的作用下，由式(4-35)和式(4-36)叠加得到中点挠度

$$y_{max} = \frac{5}{384}\frac{W_1 h_1^4}{EI_1}N_1 + \frac{M_B h_1^2}{4EI_1}\Lambda_1$$

在极限情况下二者相等，一般情况下 $y_{max} \leqslant f_{max}$，于是

$$\frac{5}{384}\frac{W_1 h_1^4}{EI_1}N_1 + \frac{M_B h_1^2}{4EI_1}\Lambda_1 \leqslant \frac{\pi}{144}\frac{h_1^2 \Delta\theta}{10^3} + \left(\frac{D_o-d}{2} - \frac{D_o-D_{s1}}{4}\right)10^{-3} \tag{4-46}$$

七、钟摆钻具的纠斜力

在图4-21上，对扶正器中心取矩得到

$$M_B + \frac{h_1^2 W_1}{2} + h_1 q_1\left(\frac{D_o-D_{s1}}{2}10^{-3} + \Delta\delta\right) - p_0\left[\frac{1}{2}(D_o-D_{s1})10^{-3} + \Delta\delta\right] - R_A h_1 = 0$$

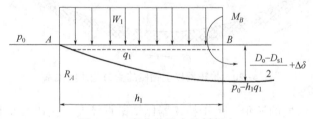

图4-21　弯曲井眼内的纠斜力

代入 $\Delta\delta$ 值，解出纠斜力：

$$R_A = \frac{M_B}{h_1} + \frac{W_1 h_1}{2} - (p_0 - h_1 q_1)\left[\frac{\pi h_2 \Delta\theta}{36000} + \frac{1}{2h_1}(D_o - D_{s1})10^{-3}\right] \tag{4-47}$$

式（4-47）表明，在弯曲井眼内，钻压必将产生更大的反纠斜力。因此，对钟摆纠斜力进行必要的校核计算是十分重要的。如发现纠斜力为负值很小，应采取相应的措施（例如降低钻压），以便获得较大的纠斜力。

八、钟摆钻具扶正器位置方程组及算例

式（4-44）、式（4-45）、式（4-46）中只有未知数 h_1、h_2、M_B，因而可联立解出 h_1 和 M_B。由于方程（4-46）使得钟摆长度达到最大值，故联立解出的 h_1 就是扶正器的最佳安装高度。

由式（4-45）解出

$$M_B = \frac{\pi EI_2 \Delta\theta}{3000\Phi_2}(1-\Psi_2/3) + \frac{3EI_2(D_{s1}-d)}{10^3 h_2^2 \Phi_2} - \frac{W_2 h_2^2}{4\Phi_2}\chi_2 \qquad (4-48)$$

将 M_B 分别代入式（4-44）和式（4-46），得到

$$\left[\frac{\pi EI_2 \Delta\theta}{3000\Phi_2}(1-\Psi_2/3) + \frac{3EI_2}{h_2\Phi_2}(D_{s1}-d)10^{-3} - \frac{W_2 h_2^2}{4\Phi_2}\chi_2\right] \times \left(\frac{h_1}{3EI_1}\Psi_1 + \frac{h_2}{3EI_2}\Psi_2\right)$$

$$= \left(\frac{D_o - D_{s1}}{2h_1} - \frac{D_{s1}-d}{2h_2}\right)10^{-3} + (h_1 + h_2)\frac{\pi\Delta\theta}{36000} - \left(\frac{W_1 h_1^3}{24EI_1}\chi_1 + \frac{W_2 h_2^3}{24EI_2}\chi_2\right) \qquad (4-49)$$

$$\frac{5}{384}\frac{W_1 h_1^4}{EI_1}N_1 + \frac{h_1^2}{4EI_1}\Lambda_1\left[\frac{\pi EI_2 \Delta\theta}{3000\Phi_2}(1-\Psi_2/3) + \frac{3EI_2}{h_2^2\Phi_2}(D_{s1}-d)10^{-3} - \frac{W_2 h_2}{4\Phi_2}\chi_3\right]$$

$$\leqslant \frac{\pi}{144}\frac{h_1^2 \Delta\theta}{10^3} + \left(\frac{D_o - d}{2} - \frac{D_o - D_{s1}}{4}\right)10^{-3} \qquad (4-50)$$

由式（4-49）和式（4-50）联立解出 h_1 和 h_2，代入式（4-48）求出 M_B，由式（4-47）算出纠斜力 R_A。

[**例4-3**] 井直径 $D_o=215\text{mm}$，扶正器直径 $D_{s1}=213\text{mm}$，钻铤直径 $d=178\text{mm}$，钻铤刚度 $EI_1=EI_2=9.81\times10^6\text{N}\cdot\text{m}^2$，钻铤在钻井液中的单位长度重量 $q=1294.48\text{N/m}$，钻压 $p_0=117680\text{N}$。进眼斜度及井眼曲率见表4-10。求纠斜力。

为计算方便，首先给出 $h_1=18.5\text{m}$，然后由式（3-68）算出 h_2，由式（4-67）求出 M_B，由式（4-66）求出纠斜力 R_A。计算结果已列入表4-3。

表4-3 弯曲井眼内钟摆钻具的纠斜力

进斜角 α,（°）	井眼曲率 $\Delta\theta$,（°）/100m	h_1,m	h_2,m	M_B,N·m	纠斜力 R_A,N
2	0	18.5	20.2	-2824.5	-276.55
	3	18.5	26.3	23162.5	-165.63
5	0	18.5	17.4	5862.8	747.56
	3	18.5	22.5	1170.3	382.36
	5	18.5	24.5	1534.3	41.38

由表4-3中，当 $\alpha=2°$ 时，在井眼发生弯曲时，纠斜力变成了负值。因此，在弯曲井眼内，钟摆钻具不一定是减斜工具，扶正器位置不当时，也可能成为增斜工具。这是弯曲井眼内钟摆钻具与斜直井内钟摆钻具的显著差别之一。

九、刚性满限钻具——三扶正器位置方程组

实践证明，三扶正器满眼钻具具有较好的防斜纠斜能力，因此，它是现场使用较多的一种井下组合钻具。图 4-22 表示了这种钻具在井下的工作状态。

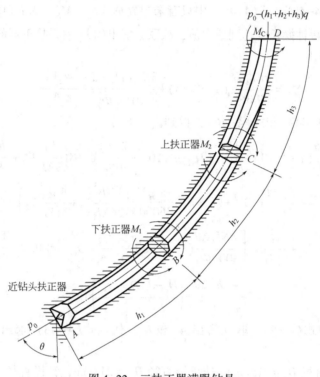

图 4-22　三扶正器满眼钻具

由图 4-22 可以看出，这一组合钻具结构，实际上可以模拟成扶正器有沉降的纵横弯曲连续梁。只需注意，在列出三弯矩方程时，由于下扶正器靠井壁上侧，其横向位移由下式求出：

$$f_{max} = \frac{\pi h_1 h_2 \Delta\theta}{36000^1} - \frac{h_1}{h_1+h_2}(D_o - D_{s2})10^{-3}/2$$

AB 与 *BC* 段有三弯矩方程：

$$\left(\frac{h_1}{3EI}\Psi_1 + \frac{h_2}{3EI}\Psi_2\right)M_1 + \frac{h_2 M_2}{6EI}\Phi_2 = (\beta_{1A} - \beta_{1B})\left(\frac{W_2 h_2^3}{24EI}\chi_2 + \frac{W_1 h_1^3}{24EI}\chi_1\right) \qquad (4\text{-}51)$$

其中　$\beta_{1A} = \frac{D_o - D_s}{2h_1} + \frac{\Delta\delta_1}{h_1}$；　$\beta_{1B} = -\frac{\Delta\delta_1}{h_2}$；　$\Delta\delta_1 = \frac{\pi h_1 h_2 \Delta\theta}{36000}$

BC 与 *CD* 段的三弯矩方程为

$$\left(\frac{h_2}{3EI}\Psi_2 + \frac{h_3}{3EI}\Psi_3\right)M_2 + \frac{h_2 M_1}{6EI}\Phi_2 + \frac{h_2 M_C}{6EI}\Phi_3 = (\beta_{2A} - \beta_{2B}) - \frac{W_3 h_3^3}{24EI}\chi_2 - \frac{W_2 h_2^3}{24EI}\chi_2 \qquad (4\text{-}52)$$

其中　$\beta_{2A} = \Delta\delta_2/h_2$；　$\beta_{2B} = \frac{D_s - d}{2h_3} - \frac{\Delta\delta_2}{h_3}$；　$\Delta\delta_2 = \frac{\pi h_1 h_2 \Delta\theta}{36000}$；　$M_C = \frac{EI\pi\Delta\theta}{18000}$

在临界情况下，钻具下扶正器的挠度应与井眼允许的横向位移相等，由此得到

$$\frac{5W_2(h_1+h_2)^4}{384}Z_h+\frac{M_2(h_1+h_2)^2}{4EI}B_h=\frac{\pi h_1 h_2 \Delta\theta}{36000}-\frac{h_1}{h_1+h_2}(D_o-D_s)10^{-3}/2 \qquad (4-53)$$

Z_h 和 B_h 可由表4-2查出，但其中的

$$a=\frac{h_1}{h_1+h_2}$$

$$u=\frac{h_1+h_2}{2}\sqrt{p_0-q(h_1+h_2+h_3/2)/EI}$$

CD 段在 D 点的边界条件方程为

$$\frac{M_C h_3}{3EI}\Psi_3+\frac{M_2 h_3}{6EI}-\Phi_3+\frac{W_3 h_3^2}{24EI}-\chi_3=\frac{\pi h_3 \Delta\theta}{18000}+\frac{D_s-d}{2h_3}10^{-3} \qquad (4-54)$$

式(4-51)至式(4-54)组成超越方程联立组。其中有五个未知数，即 h_1、h_2、h_3、M_1、M_2，但在设计时常常要预先给出 h_1 值来，因而能够通过这一方程组求出其他未知数。此时获得的扶正器安装位置并非最佳安装位置，最佳安装位置是指此时钻头上的纠斜力达到最大时的位置。钻头上的纠斜力可由下式计算：

$$R_A=\frac{M_1}{h_1}+\frac{W_1 h_1}{2}-(p_1-h_1 q)\left(-\frac{\pi h_2 \Delta\theta}{36000}-\frac{h_1}{h_1+h_2}\frac{D_o-D_s}{2h_1}10^{-3}\right) \qquad (4-55)$$

十、变刚度钟摆钻具——双扶正器的位置方程组

图4-23是双扶正器钟摆钻具示意图。它的特点如下：

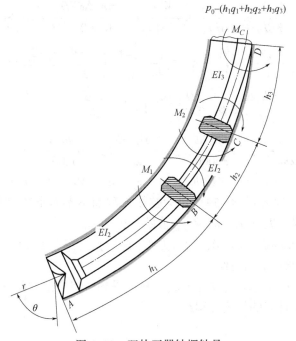

图4-23 双扶正器钟摆钻具

（1）由于单扶正器钟摆钻具要在扶正器处产生一个数值较大的造斜性内弯曲力矩，双扶正器则可将此内弯矩大大减小或改变为降斜性质。

（2）此钻具有两种不同的组合：一种是刚性的，但要使用小尺寸的下扶正器；一种是柔性的，要求在两个足尺寸扶正器中间使用一根刚度小、柔性大、重量轻的高强度钻杆。前者适用于钻压较小的情况，后者适用于钻压较大的场合。

因此，与单扶正器钟摆钻具相比较，双扶正器组合可以获得更大的抗斜钟摆力。

根据上述分析，容易列出两个三弯矩方程（图 4-24），再加上一个上部边界方程、一个下部钻铤横向位移方程，共四个方程式：

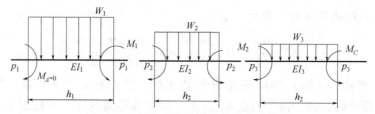

图 4-24　双扶正器钟摆钻具的力学模型

$$\left(\frac{h_1}{3EI_1}\Psi_1+\frac{h_2}{3EI_2}\Psi_2\right)M_1+\frac{h_2M_2}{6EI_2}\Phi_2=(\beta_{1A}-\beta_{1B})-\left(\frac{W_2h_2^3}{24EI_2}\chi_2+\frac{W_1h_1^3}{24EI_1}\chi_1\right) \tag{4-56}$$

$$\left(\frac{h_2}{3EI_2}\Psi_2+\frac{h_3}{3EI_3}\Psi_3\right)M_2+\frac{h_1M_1}{6EI_2}\Phi_2+\frac{h_3M_6}{6EI_3}\Phi_3$$

$$=(\beta_{2A}-\beta_{2B})-\left(\frac{W_3h_3^3}{24EI_3}\chi_3+\frac{W_2h_2^3}{24EI_2}\chi_2\right) \tag{4-57}$$

$$\frac{M_Ch_3}{3EI_3}\Psi_3+\frac{M_2h_3}{6EI_3}\Phi_3+\frac{W_3h_3^3}{24EI_3}\chi_3=\frac{\pi h_3\Delta\theta}{18000}+\frac{D_{s2}-d}{2h_3}10^{-3} \tag{4-58}$$

$$\frac{5}{384}\frac{W_1h_1^4}{EI_1}N_1+\frac{h_1^2M_1}{4EI_1}\Lambda_1\leq\frac{\pi}{144}\frac{h_1^2\Delta\theta}{10^3}+\left(\frac{D_o-d}{2}-\frac{D_o-D_{s1}}{4}\right)10^{-3} \tag{4-59}$$

其中　$\beta_{1A}=\frac{D_o-D_{s1}}{2h_1}10^{-3}+\frac{\pi h_2\Delta\theta}{36000}$；　$\beta_{1B}=\frac{D_{s1}-D_{s2}}{2h_2}10^{-3}-\frac{\pi h_1\Delta\theta}{36000}$；

$\beta_{2A}=\frac{D_{s1}-D_{s2}}{2h_2}10^{-3}+\frac{\pi h_s\Delta\theta}{36000}$；　$\beta_{2B}=\frac{D_{s2}-d}{2h_3}10^{-3}-\frac{\pi h_2\Delta\theta}{36000}$；　$M_2=\frac{EI_3\pi\Delta\theta}{18000}$

以上联立方程组中有五个未知数 h_1、h_2、h_3、M_1、M_2。实际设计时要先给出 h_1 或 h_2，或者两者都给出来，此时方程（4-59）作为校核方程而不参与求解过程。然后用式（4-47）求 R_A 值，以此为依据，进行 h_1、h_2 和 p_0 值的优选计算。

对于斜直井，即 $\Delta\theta=0$，$M_C=0$，代入方程（4-57）、方程（4-58）、方程（4-59）中，便可得到文献［21］所给出的所有结果。

如令上述方程中 $D_{s1}=D_{s2}=d$，$EI_1=EI_3$，则可得到一组弯曲井眼内钻铤—钻杆组合钻具（见本章第二节）纠斜计算的精确方程组。

第五节
利用钻头轴线转角最小准则计算井内单扶正器位置

钻头轴线转角最小的基本准则是前苏联地区较为普遍使用的设计扶正器位置的方法。这一方法在原则和指导思想上与美国 Lubinskis 等人是不相同的。

一、计算刚性组合钻具的基本准则

使用刚性组合钻具的目的是在钻压不受到特别限制的情况下，钻出圆滑而无剧烈弯曲变化的井眼。组合钻具长度应保证井眼有最小的弯曲度。

在钻井过程中，组合钻具可以使井眼歪斜。这是因为扶正器与井眼之间有间隙，因而产生钻柱轴线与井眼中心线之间的夹角 θ_{nop}（图 4-25）。除此之外，组合钻具在轴向载荷和端部弯矩作用下，钻柱也要产生弯曲，于是在钻头处形成弯曲角 θ_{up}。

因此，在组合钻具下端，总的转角等于这两个角之和，即

$$\theta_{o\sigma m} = \theta_{up} + \theta_{nop}$$

显然，垂直井眼在组合钻柱总转角 $\theta_{o\sigma m}$ 下要发生歪斜。因此，组合钻具计算的基本课题就是找到一个长度 l，使得 $\theta_{o\sigma m}$ 达到最小值。$\theta_{o\sigma m}$ 是四个参数的函数：

$$\theta_{o\sigma m} = f(A, M_1, F_u, d) \tag{4-60}$$

式中　A——作用于组合钻具上的轴向载荷；

M_1——位于组合钻具顶端的弯曲力矩；

F_u——在钻柱旋转时，组合钻具上作用的离心力；

d——扶正器与井眼之间的径向间隙，$d = 2r$。

因此，公式（4-60）取最小值是确定组合钻柱最优长度的基本准则。由于在转盘旋转钻进时底部钻柱主要是在自转下工作，因而离心力一般情况下是可以略去的。

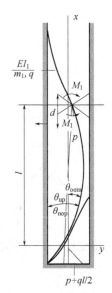

图 4-25　组合钻具
钻头处的转角

二、刚性组合钻具计算

略去钻柱公转的离心力，钻柱仅作自转。计算简图见图 4-25。在长为 l 的组合钻柱上作用着压缩段的全部重量 p、自重 $ql/2$ 和弯曲力矩 M_1，形成了钻柱的横向弯曲。

组合钻柱的底部是球绞支承，而顶部则是弹性支承。自重引起的误差不大，可用作用于顶部的平均载荷 $ql/2$ 代替。这样，组合钻具的轴向力为 $p+ql/2$。

组合钻柱弹性线微分方程有如下形式：

$$EI \frac{d^2 Y}{dX^2} = -\left(p + \frac{ql}{2}\right)Y - \frac{M_1}{l}X$$

用符号 $A = p + ql/2$，$B = M_1/l$ 代入得

$$\frac{\mathrm{d}^2Y}{\mathrm{d}X^2}+\frac{A}{EI}Y=-\frac{B}{EI}X$$

这个方程的一般解是

$$Y=C_1\cos k_1 X+C_2\sin k_2 X-\frac{A}{B}X$$

其中

$$k_1=k_2=\pm\sqrt{B/EI}$$

式中　C_1、C_2——积分常数。

利用边界条件 $Y_{s=0}=0$，$Y_{s=1}=0$，求出 C_1 和 C_2。应用此条件后，得到

$$C_1=0,0=C_2\sin k_2 l-\frac{A}{B}l\Rightarrow C_2=\frac{Al}{B}\frac{1}{\sin k_2 l},$$

故

$$Y=\frac{Al}{B}\left(-\frac{1}{\sin k_2 l}\sin k_2 X\right)-\frac{A}{B}X$$

求导得

$$\frac{\mathrm{d}Y}{\mathrm{d}X}=\frac{A}{B}\left(\frac{lk_2}{\sin k_2 l}\cos k_2 x-1\right)$$

当 $X=0$ 时，

$$\theta_{\mathrm{up}}=\frac{\mathrm{d}Y}{\mathrm{d}X}=\frac{A}{B}\left(\frac{k_2 l}{\sin k_2 l}-1\right)$$

而 $\theta_{\mathrm{uop}}\approx d/l$，因此，总的转角是

$$\theta_{o\sigma\mathrm{m}}=\frac{A}{B}\left(\frac{k_2 l}{\sin k_2 l}-1\right)+\frac{d}{l} \tag{4-61}$$

使角变位公式（4-61）趋于零，以便特到转角最小的 l 函数式：

$$l^2\left(\frac{n\sqrt{l}}{\sin n\sqrt{l}}-1\right)+\frac{M_1 d}{A}=0,n=\sqrt{\frac{M_1}{EI_1}} \tag{4-62}$$

在某些情况下，如果 $\theta_{o\sigma\mathrm{m}}$ 不能为零，那么应根据式（4-61）求出最小值来。

[**例4-4**]　钻铤 $EI_1=42953.13\mathrm{kN\cdot m}^2$，$q_1=1.96\mathrm{kN/m}$，井眼与钻铤半径差 $r_1=0.037\mathrm{m}$，井眼与扶正器直径差为 $d=0.006\mathrm{m}$。钻压为 196.13kN。求使总转角最小的 l。

解：

$$m_1=\sqrt[3]{\frac{EI_1}{q_1}}=\sqrt[3]{\frac{42953.13}{1.96}}=28(\mathrm{m})$$

一端铰支一端弹性支承时钻柱的临界压力为

$$p_{\mathrm{up}}=3.25\sqrt[3]{EI_1 q_1^2}=3.25\sqrt[3]{42953.13\times1.96^2}=178.34(\mathrm{kN})$$

$$\frac{p}{p_{\mathrm{up}}}=\frac{196.13}{178.34}=1.10$$

由图 4-26 查出，当比值为 1.10 时，$i=0.92$，因此

$$M_1=im_1 q_1 r_1=0.92\times28\times1.96\times0.037=1.87(\mathrm{kN\cdot m})$$

$$n=\sqrt{\frac{M_1}{EI_1}}=\sqrt{\frac{1.87}{42953.13}}=0.0066(\mathrm{m}^{-0.5})$$

将有关数据代入式（4-62），得到

$$l^2\left[\frac{0.0066\sqrt{l}}{\sin(180\times0.0066\sqrt{l}/\pi)}-1\right]+\frac{1.91\times0.006}{196.13}=0$$

用近似方法，得到以上方程的根

$$l = 10.07\text{m}$$

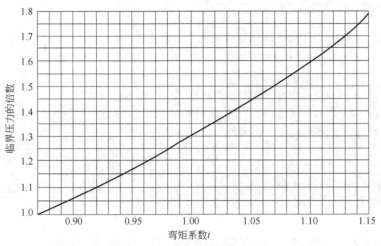

图 4-26　弯矩系数与载荷比值之间的关系曲线

思考题

1. 钻垂直井过程中，井斜的原因是什么？

2. 简述刚性满眼钻具和钟摆钻具的原理。

3. 已知井径 $D_h = 216\text{mm}$，扶正器直径 $D_S = 215\text{mm}$，钻铤外径 $D_c = 178\text{mm}$（内径75mm），$E = 20.594 \times 10^{10}\text{Pa}$，钻井液密度 $\rho_m = 1.33\text{kg/L}$，设计允许的最大井斜角为3°。试求该满眼钻具组合的中扶正器到钻头的最优距离。

4. 已知井径 $D_h = 216\text{mm}$，扶正器直径 $D_S = 214\text{mm}$，钻铤外径 $D_c = 178\text{mm}$（内径75mm），$E = 20.594 \times 10^{10}\text{Pa}$，钻井液密度 $\rho_m = 1.33\text{kg/L}$，设计允许最大井斜角为3°，钻压为 120kN。试求该钟摆组合扶正器到钻头的最优距离。

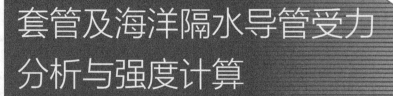

第五章
套管及海洋隔水导管受力分析与强度计算

第一节
套管受力分析

套管是由高级合金钢轧制而成的无缝钢管。近年来开始出现了焊接的直缝卷管，后者比前者壁厚均匀得多，抗挤强度高得多。

套管外径一般为 114.3~508mm，共有十四种，也有更大尺寸的。壁厚 8~13mm 的套管用得较多，薄的仅 5.21mm，厚的达 16.1mm。

国产套管有 D40、D55、D75 三种钢级。数字为钢材的最小屈服极限，单位为 kgf/mm² （1kgf/mm² = 9.81×10⁶Pa）。其中 D40 稍有差别，它的最小屈服极限为 38kgf/mm²。我国采用的是 API 标准的规范套管，如 N80、C95 等等，字母表示钢级，数字为钢材最小屈服极限，单位为 klb/in² （1klb/in² = 6.895MPa）。

抗硫套管用于含硫化氢的井的套管，对化学成分、热处理方法和机械加工都有特殊要求。如 API 规范的套管中 H40、J55、K55、C75、L80、C90 有抗硫性。

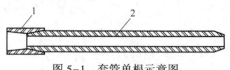

图 5-1　套管单根示意图

1—接箍；2—套管本体

套管的连接螺纹都是锥形螺纹。API 标准套管的连接螺纹有四种：短圆螺纹（STC）、长圆螺纹（LTC）、梯形螺纹（BTC）、直连型螺纹（XL）。除此之外尚有非标准螺纹。

套管具有一定的抗拉强度、抗挤强度和抗内压强度指标，具体参数可查阅相关手册。

套管在井内往往同时受到轴向力和内、外压力的联合作用，处于复杂应力状态。对于复合外载下的套管强度，应作专门分析。

从套管开始入井，到固井或进行油气生产，套管的外载在不断改变，设计时应考虑受力最严重的情况。由于井下套管柱所处环境的复杂性及问题的隐蔽性，在受力分析中还不得不作一些假设。这与实际情况就有差别，而且假设往往不一致。因此，套管柱设计不能取得一致的做法，套管柱设计方法和受力分析还有待进一步探讨。

从套管入井到油气生产完的过程中，套管受到的力包括轴向力、内压力和外挤压力。

一、轴向力

如果套管柱在水泥凝固前轴向拉伸强度是足够的，有水泥环的套管在水泥凝固后就不会出现因轴向拉伸引起的破坏。但无水泥环的套管实际上是上下被固定，当温度和内、外压力改变时就会引起轴向力的改变。

1. 水泥凝固前的轴向力

首先分析静置在井中的套管轴向力。由于井眼不可能铅直，液体压力对轴向力的影响规律找不出来。所以，有时就按套管悬持在空气中的情况来计算轴向力。考虑液体压力对轴向力的影响时，一般情况是认为浮力均匀分布，也有把套管看成铅直地置于井中的，并认为井内充满钻井液。

假设套管受到均匀的浮力作用，一段套管造成的轴向力等于该段套管在钻井液中的重力（俗称"浮重"）：

$$W_f = K_f q g l \tag{5-1}$$

式中　W_f——套管在钻井液中的重力，N；

　　　q——套管单位长度质量，kg/m；

　　　l——套管段长，m；

　　　K_f——钻井液浮力系数，K_f 取 1 时为套管在空气中的情况。

套管某截面的轴向力等于该截面以下各段套管的重力之和。

假设套管铅直地置于井中，如图 5-2(a) 所示，沿轴线方向的液压力将影响轴向力。只要求出各段底和顶的轴向力就可作出轴向力图，因为中间是线性变化的。画出受力图后，用截面法从下向上逐段计算轴向力。仅仅针对图 5-2(a)，写出轴向力计算式如下：

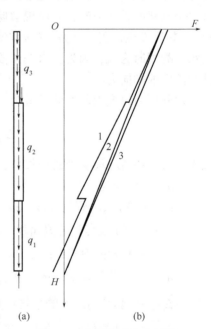

$$\left.\begin{aligned} F_{u1} &= -p_1 A_1 \\ F_{t1} &= -p_1 A_1 + q_1 g l_1 \\ F_{u2} &= -p_1 A_1 + q_1 g l_1 - p_2 A_{12} \end{aligned}\right\} \tag{5-2}$$

式中　p_1、p_2——台肩上的液柱压力，Pa；

　　　F_u、F_t——第 1 段套管段底与段顶的轴向力，N；

　　　A_1——井底第 1 段套管的截面积，m^2；

　　　A_{12}——两段套管的台肩面积，m^2。

施工操作会对套管产生附加轴向力。套管被加速上提或刹车产生的惯性力，以及上提套管时井壁对套管的摩擦力，会增加轴向拉力。注水泥施工时"碰压"使套管内压力增加，也使套管轴向拉力增加。这些问题在计算轴向力时一般不考虑，设计时以取适当的安全系数来解决，必要时可以另行校核或对施工操作严格要求。

图 5-2　套管柱轴向力分析

1—铅直管；2—浮力均布；3—不计液体压力

套管经过或处在弯曲井段时会产生弯曲正应力。此时套管破坏的条件是

$$\sigma_{wmax} + \sigma_z = p_1 / A \tag{5-3}$$

可写成

$$A\sigma_{wmax} + A\sigma_z = p_1 \tag{5-4}$$

式中　p_1——套管拉伸极限负荷；

　　　$A\sigma_z$——轴向力；

　　　$A\sigma_{wmax}$——弯曲载荷，用 B_L 表示。

　　　由材料力学知道，弯曲正应力为

$$\sigma_w = E\varepsilon_w = EKr \tag{5-5}$$

式中　K——套管轴线（井眼）曲率，rad/m；

　　　E——钢材弹性模量，2.1×10^{11}Pa；

　　　r——套管上一点距中性层的距离，m。

　　　所以 $B_L = A\sigma_{wmax} = AEKD/2$，若将 E 的值代入，并采用常用单位得

$$B_L = 61.1DAK \tag{5-6}$$

式中　D——套管直径，cm；

　　　A——套管横截面积，cm²；

　　　K——井眼曲率，（°）/30m；

　　　B_L——弯曲载荷，N。

2. 自由套管的轴向力变化

　　　自由套管是指环空没有注水泥的套管段。该段套管实际上是顶部被固定在井口，下部被水泥固住。在套管的长期工作中，由于内外压力和温度的改变，该段套管轴向力也要改变。求这个改变的轴向力时，先设想解除一端约束让其伸长（由内外压力和温度改变引起的部分），其后设想作用一个力 ΔF 让它恢复原状，ΔF 就是套管轴向力的改变量。套管初轴向力以水泥凝固时为准，因为注水泥的段有时可能不长或水泥可能漏失，所以一般就取套管处于钻井液中的轴向力。

　　　内外压力改变引起的伸长量为

$$\Delta l_j = \frac{-2\mu l_j}{EA_j}(\overline{\Delta p_i}A_i - \overline{\Delta p_o}A_o) \tag{5-7}$$

式中　Δl_j——第 j 段套管的伸长量，m；

　　　μ——泊松比，0.3；

　　　l_j——第 j 段套管的长度，m；

　　　A_j——第 j 段套管的截面积，m²；

　　　A_i——套管内面积，m²；

　　　A_o——套管外径对应的面积，m²；

　　　$\overline{\Delta p_i}$——套管内压力的平均增量，Pa；

　　　$\overline{\Delta p_o}$——套管外压力的平均增量，Pa。

　　　$\overline{\Delta p_i}$（或 $\overline{\Delta p_o}$）是先求出段顶和段底的内（或外）压力增量，然后取平均而得。

　　　温度改变引起的伸长量为

$$\Delta l_T = \alpha \overline{\Delta T} L \tag{5-8}$$

式中　Δl_T——温度改变引起的伸长量，m；

α——钢材热胀系数，12.42×10^{-6} m/（m·℃）；

L——"自由套管"长度，m；

$\Delta\bar{T}$——井口和水泥面温度增量的平均值，℃。

套管轴向力的增量为

$$\Delta F = \frac{-E\Delta l}{\displaystyle\sum_{j=1}^{n}\frac{l_j}{A_j}} \tag{5-9}$$

式中　Δl——套管总伸长量，m。

二、内压力

高压含气油井或天然气井需要分析套管所受内力并进行内压强度设计。

1. 技术套管的内压力

1）环空充满天然气的情况下的内压力分布

这就是固了技术套管以后加深井眼中出现井喷，使套管与钻具的环空的钻井液被顶光并关井的情况。

套管所受最大内压力，发生在套鞋处地层被压裂的时候。这时套管内压力分布为

$$p_i = p_f e^{-1.115\times10^{-4}(H_f-H)d} \tag{5-10}$$

式中　p_i——套管任意深度的内压力，Pa；

p_f——套管鞋处地层破裂压力，Pa；

H_f——套管深度，m；

H——套管任意深度，m；

d——天然气相对密度，即标准状态下（1atm，20℃）天然气质量与同体积空气质量之比，甲烷为 0.554。

为了应用方便，常将式(5-10) 的曲线处理成直线，见图 5-2 的曲线 1′。

2）井口设备能力受限时的内压力分布

当井口设备能力受限时，井口内压力只能控制在设备允许压力之内。井涌后压力过大时只能放压，井内液气分布复杂。套管内压力分布作这样的处理：在井口处取设备允许压力，套管鞋处取地层破裂压力，两者之间呈线性关系。因此任意深度的内压力为

$$p_i = p_{gp} + \frac{p_f - p_{gp}}{H_f}H \tag{5-11}$$

式中　p_{gp}——井口设备允许内压力，Pa。

3）油层套管内压力分布

典型的完井方法是油层套管固井后要下油管生产，见图 5-3。并且要在接近油管的下端安封隔器，油层套管与油管之间充满完井液。受内压力最严重的情况是生产初期，气通过油管螺纹进入油管与油层套管的环空，在环空封闭的条件下（套管阀门常闭），气泡运移到井口仍保持产层压力。内压力分布为

$$p_i = p_p + 9.8\times10^3 H\rho_c \tag{5-12}$$

式中　p_p——油气层压力，Pa；

H——套管任意深度，m；

ρ_c——完井液密度，g/cm^3。

如果油管不带封隔器，且为干气井，内压力分布为

$$p_i = p_p e^{-1.115 \times 10^{-4}(H_p - H)d} \tag{5-13}$$

式中 H_p——气层深度，m。

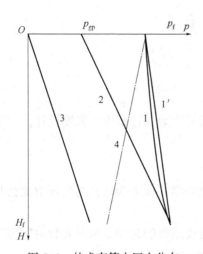

图 5-3 技术套管内压力分布

1—环空全充气；$1'$—将曲线 1 处理成直线；2—井口设备能力受限；

3—外平衡压力；4—直线 $1'$对应的有效内压力

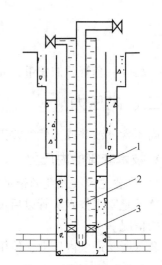

图 5-4 典型的完井方法

1—油层套管；2—油管；3—封隔器；

表层套管只有下得特别深才考虑内压强度，其内压力分析与技术套管类似。

三、外挤压力

外挤压力一般由管外液体形成：

$$p_o = 9.8 \times 10^3 \rho_o H \tag{5-14}$$

式中 p_o——套管外挤压力，Pa；

ρ_o——套管外液体密度，g/cm^3；

H——套管任意深度，m。

与求有效内压力时找外压力 p_o' 相反，这里的外挤压力 p_o 应找可能出现的最大值，多以固井时的钻井液柱考虑。保守的设计者则以注完水泥的环空液柱压力来考虑，认为水泥浆柱长期具有流体性质。

塑性大的地层（如岩盐、泥膏岩、膨胀性页岩）会发生"塑性流动"，使处于该井段的套管承受很高的外挤压力，其上限可达到上覆岩层压力的值，即可达 22.65kPa/m 的压力梯度，个别的还要高一些，并且外挤压力有可能不是各向均匀作用而使套管发生弯曲。另外，在断层、破碎带和有残余地应力的井段，以及疏松的储油层大量出砂后都可能挤坏套管。这些井段的套管外挤力应按上覆岩层压力考虑，在注水泥施工方面也应有相应的措施。

应该考虑套管内压力 p_i' 的平衡效果，以有效外挤压力 $p_{oe} = p_o - p_o'$ 来设计。不过这时的内压力应取可能出现的最小值。技术套管应以固井后钻进中严重漏失来考虑，可能出现套管内全掏空或部分套管掏空。油层套管在生产末期地层压力枯竭，套管内全掏空。

表层套管只有在下得很深时才考虑抗挤问题，做法与技术套管相同。

进行内压强度设计时，还应考虑管外压力 p'_o 的平衡效果，即取 $p_{ie}=p_i-p'_o$ 作为外力，称为有效内压力，见图 5-2 中直线 4。但这个管外压力 p'_o 应取可能出现的最小值，一般取固井时的钻井液柱压力或者取地层压力，油层套管因长期生产可能发生钻井液沉淀而按盐水柱压力考虑。

第二节
套管强度计算

设套管轴向拉应力为 σ_z，内压力或外挤压力引起的切向应力为 σ_t、径向应力为 σ_r。套管多属于薄壁和中厚壁，σ_r 比 σ_t 小得多，可以略去不计。这样简化的结果是套管处于轴向应力和切向应力的双向应力状态。由材料力学的第四强度理论，套管挤毁的强度条件为

$$\sigma_z^2+\sigma_t^2-\sigma_z\sigma_t=\sigma_s^2 \tag{5-15}$$

或

$$\left(\frac{\sigma_z}{\sigma_s}\right)^2-\frac{\sigma_z}{\sigma_s}\frac{\sigma_t}{\sigma_s}+\left(\frac{\sigma_z}{\sigma_s}\right)^2=1 \tag{5-16}$$

以 σ_z/σ_s 为横坐标，以 σ_t/σ_s 为纵坐标，作出图形。式(5-16) 表示的是如图 5-5 所示的椭圆曲线，其长轴与横坐标夹角 45°，称为双轴应力椭圆。

轴向拉伸（压缩）产生正（负）的轴向应力，内压力（外挤压力）产生正（负）的切向应力。由图 5-5 可见，第一象限是轴向拉伸和内压的联合作用，轴向拉伸对内压强度有所增强；反之，内压对轴向拉伸强度也有所增强。第三象限是轴向压缩和外挤的联合作用，

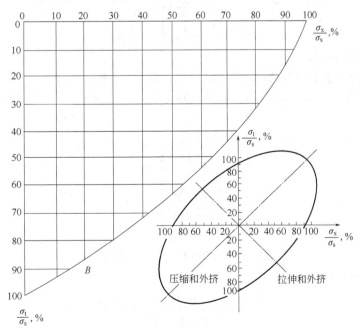

图 5-5　双轴应力椭圆

与第一象限情况类似。第二象限是轴向压缩和内压的联合作用，轴向压缩使内压强度降低。第四象限是轴向拉伸和外挤的联合作用，轴向拉伸使抗挤强度降低。设计中对于互相增强的情况一般不考虑，第二象限的情况出现少，所以较多的是考虑第四象限的情况。

为了应用方便，可以把式(5-15)的应力之间的关系换成载荷之间的关系。

薄壁筒切向应力 σ_t 与内压力 p_i 有如下关系：

$$\sigma_t = \frac{p_i D}{2\delta} \tag{5-17}$$

当 $\sigma_z = 0$ 时，

$$\sigma_s = \frac{p_b D}{2\delta}$$

当 $\sigma_z \neq 0$ 时，套管的抗内压强度 p_{bb} 与切向应力 σ_t 应满足如下关系：

$$\sigma_t = \frac{p_{bb} D}{2\delta} \tag{5-18}$$

代入式(5-15)得

$$\left(\frac{F}{p_s}\right)^2 - \frac{F}{p_s}\frac{p_{bb}}{p_b} + \left(\frac{p_{bb}}{p_b}\right)^2 = 1 \tag{5-19}$$

其中，$F = A\sigma_z$ 为轴向力，$p_s = A\sigma_s$ 为管体最小屈服强度。

如果以 F/R 为横坐标，以 p_{bb}/p_d 为纵坐标，则式(5-19)和式(5-15)表示同一条曲线，即各载荷之间的关系也反映了各应力之间的关系。

若以受外挤为正，即令纵坐标向下为正，则式(5-19)中 p_{bb}/p_b 应以 p_{cc}/p_c 代替（在 p_{cc}/p_c 坐标系下，p_{bb}/p_b 为负方向，p_{cc} 为有轴向拉力作用的抗挤强度）。由此得如下公式：

$$p_{cc} = p_c\left[\sqrt{1 - \frac{3}{4}\left(\frac{F}{p_s}\right)^2} - \frac{1}{2}\frac{F}{p_s}\right] \tag{5-20}$$

令

$$K = \sqrt{1 - \frac{3}{4}\left(\frac{F}{p_s}\right)^2} - \frac{1}{2}\frac{F}{p_s} \tag{5-21}$$

K 称为轴向应力影响系数。

[例5-1]   某井采用177.8mm圆螺纹套管，钢级为N80，壁厚为8.05mm，轴向拉力为600kN，由手册查得 $p_c = 26.400$MPa，$A = 42.94$cm²，$p_s = 2.366$MPa。求套管抗挤强度 p_{cc}。

解：

$$K = \sqrt{1 - \frac{3}{4}\left(\frac{F}{p_s}\right)^2} - \frac{1}{2}\frac{F}{p_s}$$

$$= \sqrt{1 - \frac{3}{4}\left(\frac{6\times10^5}{2.366\times10^6}\right)^2} - \frac{1}{2}\frac{6\times10^5}{2.366\times10^6}$$

$$= 0.849$$

$$p_{cc} = K_{p_c} = 0.849 \times 24.6 = 22.41(\text{MPa})$$

也可以用应力椭圆曲线求解：

$$\frac{\sigma_z}{\sigma_s} = \frac{F}{p_s} = \frac{6\times10^5}{2.366\times10^6} = 0.254$$

查应力椭圆图5-5，得 $p_{cc}/p_c = 85\%$，$p_{cc} = 85\%p_c = 85\% \times 26.4 = 22.44$（MPa）

第三节
套管柱强度设计

通常套管柱要进行抗挤、抗拉和抗内压设计，低压油井不进行抗内压设计。对管外无水泥环封固的"自由套管"段，要进行双轴应力设计（考虑轴向拉力对抗挤强度的影响）。有时要校核"自由套管"段因内外压力及温度改变使轴向力改变情况下的抗拉强度。表层套管下得浅时可省去设计。

套管柱设计方法有许多种，以下只介绍常用的等安全系数法。等安全系数法，就是设计套管柱一项强度时要使各段受力最严重的部位安全系数相等，并以其他各项强度必须满足要求为前提。

一、安全系数的选取

安全系数要选得恰当，才能使套管柱既安全又经济。计算的载荷越接近实际，安全系数可以取得越小。套管强度公式越精确，安全系数可以取得越小。经过大量试验和长期固井实践，对 API 规范的套管提出安全系数的取值范围如下：

（1）抗拉安全系数根据螺纹连接强度设计，安全系数取 1.6~1.8，处理复杂情况等短期强拉时也不能低于 1.3；对管体屈服强度设计，安全系数取 1.3~1.5。梯形螺纹套管设计抗拉强度时需要同时考虑管体屈服和螺纹连接强度。

（2）抗内压安全系数取 1.0~1.33，可以取到 1.0 的理由是：内压力计算往往取了可能出现的最大值；计算内压强度时壁厚只取了名义壁厚的 87.5%，是比较保守的；设计时没考虑水泥环的加强。

（3）抗挤安全系数一般取 1.0~1.125。水泥面以下的抗挤安全系数可降到 0.85，这是因考虑水泥环的加强。

在特殊条件下，如地层含腐蚀性流体（硫化氢、有机硫、二氧化碳等）的井，只考虑强度问题是不够的，用于这类井的套管应具有抗硫性。设计含硫油气井的套管柱应尽可能减少拉应力，因为应力越高钢材抗硫性越差，并且高强度的套管抗硫性差。如果套管柱特别重，可以分两段下套管注水泥。另外，当温度高达一定数值时，硫化氢对高强度套管也没有损害，一般认为其最低限度为 90℃。

二、常规套管柱设计主要公式

等安全系数法设计的步骤是：先从下向上按抗挤设计，当轴向拉力足够大时转入按抗拉设计，内压强度校核一般是在设计过程中逐段进行，最后计算剩余拉力等。常规套管柱设计是在环空水泥返到地面，不考虑抗内压强度和其他复杂载荷的设计。设计中的主要公式如下。

1. 套管抗挤可下深度

由抗挤条件 $[p_c] \geqslant n_c p_c$，有

$$H \leqslant [p_c] / (9.8 \times 10^3 n_c \rho_c)$$

(5-22)

式中　H——套管抗挤可下深度，m；

　　$[p_c]$——套管抗挤强度，Pa；

　　ρ_c——管外液体密度，g/cm³；

　　n_c——抗挤安全系数。

2. 按抗拉设计套管段长

若已知本段底的轴向力 F_u，求本段套管抗拉允许长度 l 时需要满足下式：

$$[p_j]/n_j \geqslant F_u + K_f lqg \tag{5-23}$$

则

$$l \leqslant \frac{[p_j]/n_{j-F_u}}{K_f pg} \tag{5-24}$$

三、设计举例

[例 5-2]　某井 177.8mm 油层套管下入深度 3100m，水泥返到地面，井内钻井液密度 1.35g/cm³。API 的 K55、N80 长圆螺纹套管可供选用，不作内压校核。试设计套管柱。

解：设计时应采用最新公布的套管性能数据。作为例题主要是介绍作法，采用 API 公布的套管性能数据，见表 5-1。

表 5-1　套管性能表

钢级	名义重量,kg/m	壁厚 mm	内径 mm	管体截面积 mm²	通径,mm	抗挤强度 MPa	管体屈服强度 MN	内压屈服强度,MPa	螺纹连接强度,MN
K55	34.22	8.05	161.7	42.94	158.5	22.546	1.628	30.058	1.517
	38.69	9.19	159.4	48.71	156.2	29.784	1.846	34.334	1.784
	34.22	8.05	161.7	42.94	158.5	26.400	2.366	43.710	1.966
	38.69	9.19	159.4	48.71	156.2	37.296	2.687	49.918	2.308
N80	43.15	10.36	157.1	54.51	153.9	48.398	3.007	56.253	2.656
	47.62	11.51	154.8	60.11	151.6	59.293	3.314	62.461	2.989
	52.08	12.65	152.5	65.63	149.3	70.189	3.621	63.706	3.319

（1）确定安全系数。

不计浮力，$K_f = 1$，抗拉安全系数 n_j 取 1.6；抗挤安全系数 n_c 取 1.0。

（2）从下向上按抗挤设计。

选第一段套管：

① 计算井底外挤力：

$$p_{c1} = 9.8 \times 10^3 \rho_c H = 9.8 \times 10^3 \times 1.35 \times 3100 = 41.013 \times 10^6 (\text{Pa})$$

② 第一段应力强度：

$$p'_{c1} = p_{c1} n_c = 41.013 \times 10^6 \times 1.0 = 41.013 \times 10^6 (\text{Pa})$$

③ 选第一段套管：N80：

$$\delta_1 = 10.36\text{mm}，[p_{c1}] = 48.4\text{MPa}；q_1 = 43.15\text{kg/m}，[p_{j1}] = 2.656\text{MN}$$

④ 抗挤安全系数：$n_{c1} = [p_{c1}]/p_{c1} = 48.40 \div 41.013 = 1.18$

选第二段定第一段：

① 选第二段套管 N80：

$$\delta_2 = 9.19\text{mm}, [p_{c2}] = 37.3\text{MPa}; q_2 = 38.69\text{kg/m}, [p_{j2}] = 2.656\text{MN}$$

② 第二段可下深：

$$H_2 = [p_{c2}]/9.8 \times 10^3 \rho_c n_c = 37.3 \times 10^6 \div 9.8 \times 10^3 \times 1.35 \times 1.0 = 2817(\text{m})$$

③ 第一段长度：

$$l_1 = H_1 - H_2 = 3100 - 2817 = 283(\text{m})$$

④ 计算重力：

$$W_1 = q_1 g l_1 = 43.15 \times 9.8 \times 283 = 119672(\text{N})$$

选第三段定第二段：

$$W_1 + W_2 = 119672 + 214605 = 334277(\text{N})$$

选第四段定第三段：

① 选第四段 K55：

$$\delta_4 = 8.05\text{mm}, [p_{c4}] = 22.55\text{MPa}; q_4 = 34.22\text{kg/m}, [p_{j4}] = 1.517\text{MN}$$

② 第四段可下深：

$$H_4 = [p_{c4}]/9.8 \times 10^3 \rho_c n_c = 22.55 \times 10^6 \div 9.8 \times 10^3 \times 1.35 \times 1.0 = 1702(\text{m})$$

③ 第三段长：

$$l_3 = H_3 - H_4 = 2251 - 1702 = 549(\text{m})$$

④ 计算重力：

$$W_3 = q_3 g l_3 = 38.69 \times 9.8 \times 549 = 208160(\text{N})$$
$$W_1 + W_2 + W_3 = 334277 + 208160 = 542437(\text{N})$$

当某段底的抗拉安全系数实际值为选定值的二倍以内可转入按抗拉设计。第四段底实际抗拉安全系数为

$$n_j = [p_{j4}]/\sum_{i=1}^{3} W = 1.517 \times 10^6 \div 542437 = 2.797$$

转入按抗拉设计，计算第四段：

① 第四段可下长：

$$l_4 = \frac{1}{q_4 g}([p_{j4}]/n_j - \sum W)$$

$$= \frac{1}{34.22 \times 9.8}(1.517 \times 10^6 \div 1.6 - 542437) = 1209(\text{m})$$

② 计算重力：

$$W_4 = q_4 g l_4 = 34.22 \times 9.8 \times 1209 = 405445(\text{N})$$
$$W_1 + W_2 + W_3 + W_4 = 542437 + 405445 = 947882(\text{N})$$

③ 到井口的距离：

$$H_5 = H_4 - l_4 = 1720 - 1209 = 493(\text{m})$$

选第五段定第五段：

① 选第五段套管 N80：

$$\delta_5 = 8.05\text{mm}, [p_{c5}] = 26.40\text{MPa}; q_5 = 34.22\text{kg/m}, [p_{j5}] = 1.966\text{MN}$$

② 计算第五段长：

$$l_5 = \frac{1}{q_5 g}\left(\left[p_{j5}\right]/n_j - \sum_{i=1}^{4} W\right)$$

$$= \frac{1}{34.22 \times 9.8}(1.966 \times 10^6 \div 1.6 - 947882) = 837\,(\text{m}) > H_5$$

实际应取 $l_5 = H_5$。

④ 计算重力：

$$W_5 = q_5 g l_5 = 34.22 \times 9.8 \times 493 = 165331\,(\text{N})$$

$$W_1 + W_2 + W_3 + W_4 + W_5 = 947882 + 165331 = 1113213\,(\text{N})$$

注：从钻进工艺考虑，近井口段下 30m 全管柱壁最厚的 N80，$\delta = 10.36$mm 的套管。

计算第四段套管剩余拉力：

$$p_{t4} = \left[p_{j4}\right]/1.3 - \sum W = 1.517 \times 10^6 \div 1.3 - 947882 = 0.219 \times 10^6\,(\text{N})$$

设计结果见表 5-2。

表 5-2   设计结果

编号	井段,m	段长,m	套管			段重力,N	累计重力 N	安全系数		剩余拉力 kN
			钢级	壁厚,mm	扣型			抗挤	抗拉	
6	0~30	30	N80	10.36	长圆螺纹	12686	1113963			
5	30~493	463	N80	8.05		155270	1103152		1.78	403
4	493~1702	1209	K55	8.05		405445	947882	1.0	1.6	219
3	1702~2251	549	K55	9.19		208160	542437	1.0	3.29	
2	2251~2817	566	N80	9.19		214605	334277	1.0		
1	2817~3100	283	N80	10.36		119672	119672	1.18		

（3）几点说明：

① 在井口下一小段全管柱内径最小的套管，在今后下井下工具时能通过井口就一定能通过全套管；否则可能造成下井下工具中途遇阻，被迫起钻。

② 实际的套管柱段数不要太多，以减少套管排列的困难，避免下错套管。

第四节

海洋隔水导管的受力及稳定性分析

一、隔水导管简介

海上钻井隔水导管的主要功能是在海上建立井眼与水面以上的钻井平台之间的循环通道，安装井口分流器和井口装置，以保证石油井下部作业安全。

（1）海上构筑了最简单的海上结构——单桩结构。该种结构在海上的生存条件，也就成为海上钻井作业所关心的重要问题之一。海上单桩结构在作业时要考虑其弹性稳定性对安全性的影响；在安装井口分流器时，需要考虑隔水导管端部极限承载的能力是否适应分流系统的重量及其负荷；在特殊情况下，需要考虑钻井隔水导管及其套管系统在泥面以上的弹性稳定性和单桩的独立生存能力，这是关系到一口井的安全问题。

（2）隔水导管在使用中还有一个重要的影响因素，就是钻柱对它的影响。钻柱在通常情况下有自转和公转，同时还存在横向振动。钻柱的横向振动会引起隔水导管的磨损问题。这些磨损直接后果就是损坏隔水导管的接头，严重时会使隔水导管接头泄露和失效，因此使用好隔水导管还与合理选择钻井参数有关。

（3）通常情况下隔水导管管径粗，重量大、壁厚，平均每米在空气中的重量达到 4600N/m，每根隔水导管重量达 50kN 左右，100m 隔水导管则重达 500kN 左右。

在深水钻井作业中，深水钻井隔水导管是连接钻井船和水下井口和井下的唯一咽喉通道，对于海洋石油钻井工程的应用，更是显得尤其重要。同时，深水钻井隔水导管的固定形式和运动状态更为复杂，加之海流对于深水钻井隔水导管具有很大的作用力，因此，与近海钻井隔水导管的状态又有所不同。但是，无论怎样变化，钻井隔水导管对于海上钻井工程的意义和作用是非常重要和必不可少的。

二、隔水导管对水面以上保留井口的安全问题

海上作业中，经常会遇到这种情况：由于各种原因，钻井船在撤离井位时往往希望将原井口在水面以上保留，以便在水面上做回接井口的工作。但是如何在水面上保留井口，是安装导管架或是用锚链固定？什么方法更加安全可靠同时经济简便？显然在水面以上保留井口是一种简便和经济的办法，但是，这种保留井口的方法是否安全可靠？它的生存条件是什么？这种做法是否可行？这是在钻井中遇到的实际问题，同时这也需要我们从理论和实践上反复认识和研究。

1. 隔水导管井筒的保留问题

通常情况下，钻井作业时，井筒从海底延伸到钻井船的月池，然后一直到井口转盘，在月池处还有固定和支撑件，将隔水导管固定在井口平台处，这样就形成了对隔水导管井口平台处和海底泥面处的约束，井筒隔水导管在此时的结构是稳定结构。但有时钻机需要撤离，撤离时希望井口在水面以上保留，以便于下步钻井作业继续进行。那么，作业者此时就要考虑在一端约束的条件下，井口是否安全，是否处于失稳状态，钻具或生产管柱应该有多大重量挂在井口。这是一个单端约束条件下管柱的弹性稳定性问题，这个问题对于测试、井口重新就位、钻井中途撤离井口等作业，都有很大的意义。

2. 力学模型的建立

单桩井筒受力情况如图 5-6 所示。

为了研究问题简单起见，假定井筒为海底端嵌固，井口端自由。沿杆柱轴线方向建立坐标系，杆柱上端受力有：

（1）井口上坐挂有钻具或是生产管柱，由此产生的轴向载荷 P。

（2）由隔水导管自重 Q 产生的均布轴向载荷 q。

（3）由海波、浪流产生的横向力，该问题超越本节研究范围，暂不考虑。

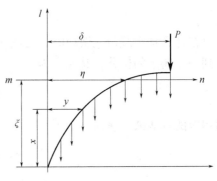

图 5-6　单桩井筒受力图

对于这类问题，铁摩辛柯认为，使用计算临界载荷的能量法既简单又快捷，并且还有足够精度。如果顶部轴向力 P 很小自重 Q 也不大，那么压杆是稳定的。但是，如果当轴向载荷 P 和均布轴向载荷 q 逐渐增大，并达到某一临界值时，那么，此时的压杆就将发生横向屈曲失稳，杆件受到轴向载荷时，要发生挠曲变形，设其变形函数曲线为

$$y = \delta \left[1 - \cos \left(\frac{1}{2} \pi x l \right) \right] \tag{5-25}$$

式中 l——杆件的长度；

　　　　δ——离开平衡位置的最大位移。

铁摩辛柯指出

$$\frac{\mathrm{d}y}{\mathrm{d}x} = \frac{\mathrm{d}\left(\delta - \delta \cos \dfrac{\pi x}{2l} \right)}{\mathrm{d}x}$$

$$\frac{\mathrm{d}y}{\mathrm{d}x} = \frac{\dfrac{\delta \pi}{2l} \sin \pi x}{2l} \tag{5-26}$$

$$\frac{\mathrm{d}^2 y}{\mathrm{d}x^2} = \frac{\dfrac{\delta \pi}{2l} \sin \pi x}{2l}$$

$$\frac{\mathrm{d}^2 y}{\mathrm{d}x^2} = \frac{\delta (\pi 2l)^2 \cos \pi x}{2} \tag{5-27}$$

弯曲变形能为

$$u = \frac{EI}{2} \int_0^1 \left(\frac{\mathrm{d}^2 y}{\mathrm{d}x^2} \right)^2 \mathrm{d}x = \frac{EI \pi^4 \delta^2}{64 L^3} \tag{5-28}$$

杆件弯曲时，作用点降低，由文献（9）可知

$$\lambda = \frac{1}{2} \int_0^1 \left(\frac{\mathrm{d}y}{\mathrm{d}x} \right)^2 \mathrm{d}y \tag{5-29}$$

式（5-26）代入式（5-29）可以得出

$$\lambda = \frac{1}{2} \int_0^1 \left(\frac{\pi}{2l} \delta \sin \frac{\pi x}{2l} \right)^2 \mathrm{d}x = \frac{\pi^2}{\delta^2} \tag{5-30}$$

则轴向力 P 做功为

$$u_1 = P\lambda = \frac{P \pi^2 \delta^2}{16} \tag{5-31}$$

在计算均布载荷 q 做功时，由图 5-6 可知，在 m—n 处，挠度曲线段 $\mathrm{d}S$ 倾斜，这部分受到一个向下的位移，其大小为

$$\mathrm{d}S \mathrm{d}x \approx \frac{1}{2} \left(\frac{\mathrm{d}x}{\mathrm{d}y} \right)^2 \mathrm{d}x \tag{5-32}$$

而相应的位能减少量为

$$\Delta u = \frac{1}{2} \left(\frac{\mathrm{d}y}{\mathrm{d}x} \right)^2 q (1-x) \mathrm{d}x \tag{5-33}$$

于是，由于屈曲时，均布载荷做功为

$$u_2 = \frac{1}{2}\int_0^1\left(\frac{\mathrm{d}y}{\mathrm{d}x}\right)^2(1-x)\mathrm{d}x = \frac{\pi^2\delta^2 q}{8\left(\dfrac{1}{4}-\dfrac{1}{\pi^2}\right)} \tag{5-34}$$

由最小势能原理可知，杆件的变形能的变化在数量上等于外力所做功，因此

$$u = u_1 + u_2 \tag{5-35}$$

将式（5-28）、式（5-31）、式（5-34）代入式（5-35）可得

$$\frac{EI\pi^4\delta^2}{64l^3\delta^2} = \frac{p\pi^2\delta^2}{16} + \frac{q\pi^2\delta^2}{8\left(\dfrac{1}{4}-\dfrac{1}{\pi^2}\right)}$$

由此可得出

$$P_{cr} = \frac{EI\pi^4}{4l^2} - 2ql\left(\frac{1}{4}-\frac{1}{\pi^2}\right) \tag{5-36}$$

或

$$P_{cr} = 2.46\frac{EI}{l^2} - 0.297ql \tag{5-37}$$

式（5-36）讨论：

（1）当仅考虑轴向力 P 时，自重 Q 为0，第二项为0，因此

$$P_{cr} = \frac{EI\pi^4}{4l^2} \tag{5-38}$$

此时即为压杆的欧拉载荷。

（2）考虑有轴向力 P，而且还有均布载荷 q 时，那么，由式（5-36）可见，均布载荷是减少轴向临界压力的。

（3）结果精度很高。文献［10］结果为

$$P_{cr} = \frac{EI\pi^4}{4l^2} - 0.3ql$$

由此可见第二项误差仅为3/1000，可见结果是足够精确了。

（4）没有轴向力 P，仅有均布载荷 q 时，则在图 5-6 中，$m—n$ 处载面上产生的弯矩为

$$M = \int_x^1 q(\eta - y)\mathrm{d}\xi \tag{5-39}$$

因

$$\eta = y = \xi\left(1-\frac{\cos\pi\xi}{2l}\right) \tag{5-40}$$

将式（5-40）代入式（5-39）得

$$M = \int_x^1 q\left[\left(1-\frac{\cos\pi\xi}{2l}\right) - \xi\left(1-\cos\frac{\pi\xi}{sl}\right)\right]\mathrm{d}\xi$$

$$= \xi q\left[(1-x)\frac{\cos\pi x}{2l} - \frac{2l}{\pi}\left(1-\frac{\sin\pi x}{2l}\right)\right] \tag{5-41}$$

弯曲应变能为

$$u = \frac{1}{2}EI\int_0^1 M^2\mathrm{d}x \tag{5-42}$$

将式（5-41）代入式（5-42）并积分可得到

$$u = \frac{\xi^2 q^2 l^3}{2EI}\left(\frac{1}{6} + \frac{9}{\pi^2} - \frac{32}{\pi^3}\right) \tag{5-43}$$

均布载荷做功 u_2 由式(5-34)可知，由最小势能原理可知

$$u = u_2 \tag{5-44}$$

因此，将式(5-34)、式(5-43)代入式(5-44)可得到

$$\frac{\xi^2 q^2 l^3}{2EI}\left(\frac{1}{6} + \frac{9}{\pi} - \frac{32}{\pi^3}\right) = \frac{\pi^2 \xi^2}{8q}\left(\frac{1}{4} - \frac{1}{\pi^2}\right)$$

$$(ql)_{\text{cr}} = \frac{EI(\pi^2 - 4)}{16l^3}\left(\frac{1}{6} + \frac{9}{\pi} - \frac{32}{\pi^3}\right) \tag{5-45}$$

或

$$(ql)_{\text{cr}} = 7.89EI/l^2 \tag{5-46}$$

观察式(5-46)，可以发现：

（1）在自重情况下，发生屈曲的临界值比欧拉载荷值约大3倍。

（2）式(5-36)中，第二项的值大于式(5-46)的 $(ql)_{\text{cr}}$ 值时，则式(5-36)为负值，这就意味着必须用拉力 P 来阻止杆件的屈曲。

（3）在不受轴向 F 的情况下，为避免因自重产生的屈曲，在材质、管材的几何尺寸一定的情况下，要注意水深和水平以上管材的长度，换句话讲，必须要注意自由端杆件的长度，这样才能保证井口的安全。

（4）比较式(5-37)和式(5-46)可以发现：在受轴向力和自重均布载荷双重作用下，其临界值比单纯自重情况下要小得多。

3. 实例

[例5-3]　某钻井船，根据钻机安排，在钻完某井的 $12\frac{1}{4}$ in 井眼 3200m 以后，下完 $9\frac{5}{8}$ in 套管，固井以上，将 3000m×5in 钻具都坐放在井口，然后水面以上保留井口，撤离该井。求该井井口筒的弹性稳定性，并按此条件分别求 20in、$13\frac{3}{8}$ in 套管的弹性稳定性。已知条件如表5-3所示。

表5-3　例5-3已知条件

隔水导管,in	内径,mm	外径,mm	长度,m	自重,N/m	备注
30	711.2	762	35	4613	入泥50m
20	475.7	508	35	1941	
13	315.3	339.7	35	992	

井口受力情况如图5-7所示。

解：3000m×φ127mm 钻具重量为 870kN。由式(5-37)可知：

（1）对 φ762mm 导管，$P_{\text{cr}} = 2.46$kN；

（2）对 φ508mm 导管，$P_{\text{cr}} = 298.25$kN；

（3）对 φ339.7mm 导管，$P_{\text{cr}} = 60.64$kN。

当无钻具放于井内时，无轴向力仅有自重 q 的作用，那么此时临界载荷为

$$(ql)_{\text{cr}} = 7.89\frac{EI}{ql} = 5395.66(\text{kN})$$

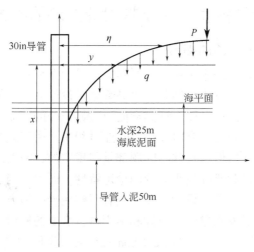

图 5-7　单桩井口受力情况

P—轴向载荷；q—均布轴向载荷；η—离开平衡位置的位移

对 $\phi 508$mm 导管，　　　　　$(ql)_{\mathrm{cr}} = 7.89\dfrac{EI}{ql} = 1021.26$（kN）

对 $\phi 339.7$mm 导管，　　　　$(ql)_{\mathrm{cr}} = 7.89\dfrac{EI}{ql} = 227.80$（kN）

计算结果列于表 5-4。

表 5-4　例 5-3 计算结果

套管尺寸,in	内径,mm	外径,mm	自重,N/m	长度,m	临界载荷,kN	考虑自重影响的临界载荷 P_{cr},kN
30	711.2	762	46.13	35	5395.66	1634
20	475.7	508	19.41	35	1021.26	298.25
$13\frac{3}{8}$	315.3	339.7	9.92	35	227.80	60.6

4. 几点认识和看法

（1）本节从弹性稳定观点出发，应用弹性稳定理论和分析方法对单桩生存条件下隔水导管在轴向力和自重条件下的屈曲作了理论分析，对于分析和解决现场问题，有一定的借鉴和帮助。

（2）钻井平台撤走如果在短期内还要重返回接，可以根据天气、海况等实际情况，考虑简化的水面以上保留程序，这仅从轴向载荷上考虑是可以的。隔水导管在受轴向力的同时，还会受到横向的波浪、潮、风载的载荷，还需要认真分析和计算，但这已超过本节的论述范围，这里不再赘述。

（3）单桩井口独立生存能力问题的探讨，关系到井口安全、环境保护、作业效率等各方面的问题，除了本节探讨的弹性稳定临界载荷外，还要考虑水深、天气、海况的作用和影响，因此，应该综合考虑，绝不可简单处理。

三、隔水导管单桩的稳定性及其设计方法的改进

1. 隔水导管单桩稳定问题的提出

海上钻井作业中隔水导管是用于在一开时建立井眼的循环系统，同时它也是为全井的井口提供第一级井口装置的基础设施。钻井隔水导管通常设计为同一钢级壁厚，仅仅在泥浅的抗固点采用增大壁厚一级的办法，以保证其弯曲应力循环处的寿命可靠。大多数作业者愿意采用钻入法下入隔水导管，同时，有时在钻井作业过程中，由于现场作业的实际情况，会遇到临时短时间海面以上的井口保留，这些问题都是很现实的，需要从安全角度出发去思考如何选择正确的方法，去分析和研究隔水导管的稳定特性。同时，当前海洋石油面临着边际油田开发的挑战，传统的隔水导管的设计和使用还有不够完善的地方，在某些方面应该进行一些必要的改进。本节主要对隔水导管的设计和使用进行必要的探讨。

海上钻井隔水导管，多年来一直沿用 6762mm×25.4mm 壁厚的设计思路和概念，在渤海的作业中普遍采用这种方法，但是也出现了一些问题，例如在辽东湾地区钻井作业过程中，曾发生过 $\phi762mm$ 隔水导管下沉的问题。在渤中地区钻井中途，希望调换钻井平台，需要对部分已钻成的井眼和水面以上的井口进行为期几天的短暂保留，这又涉及其站立稳定性的安全问题。

2. 隔水导管力学模型的建立和研究

现以探井作业阶段隔水导管的设计为例，如图 5-8 所示。

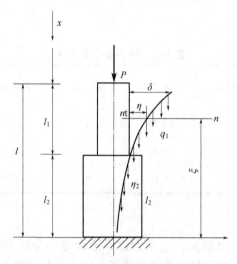

图 5-8   隔水导管受力情况

l—隔水导管长度，$l=l_1+l_2$；δ—离开平衡位置的端点位移；q_1、q_2—均布载荷；

P—轴向载荷；η—m—n 截面的位移；ξ—m—n 向下的位移

通常情况下，隔水导管的设计采用的是不变刚度的方法，为了进一步探讨其结构的合理性，现考虑一个变刚度结构，视隔水导管入泥部分为嵌固端，设隔水导管由 l_1 和 l_2 两部分组成，其惯性矩分别为 I_2 和 I_1，并且考虑到导管自身的重量为均布载荷 q_1 和 q_2，运用能量法首先选择函数，由文献 ［8］［11］ 可知

$$y = \delta^n \left(1 - \cos \frac{\pi x}{2l}\right) \tag{5-47}$$

作为导管变形挠曲的一级近似，对式(5-47) 微分求导得

$$\left.\begin{aligned} \frac{\mathrm{d}y}{\mathrm{d}x} &= \frac{\delta\pi}{2l}\sin\frac{\pi x}{2l} \\ \frac{\mathrm{d}^2 y}{\mathrm{d}x^2} &= \delta\left(\frac{\pi}{2l}\right)^2\cos\frac{\pi x}{2l} \end{aligned}\right\} \tag{5-48}$$

在图 5-8 中，任意截面 m—n 的弯矩为

$$M = \int_x^1 q(\eta - y)\,\mathrm{d}\xi \tag{5-49}$$

$$\eta = \delta\left(1-\cos\frac{\pi\xi}{2l}\right) \tag{5-50}$$

式(5-50) 代入式(5-49) 并结合式(5-47) 得

$$M = \delta g\left[(l-x)\cos\frac{\pi x}{2l} - \frac{2l}{\pi}\left(1-\sin\frac{\pi x}{2l}\right)\right] \tag{5-51}$$

代入弯曲应变能表达式：

$$\Delta\mu = \int_0^{l_2}\frac{M^2}{2EI_2}\mathrm{d}x + \int_{l_2}^l\frac{M^2}{2EI_1}\mathrm{d}x = \Delta\mu_2 + \Delta\mu_1 \tag{5-52}$$

因

$$\Delta\mu_2 = \int_0^{l_2}\frac{\delta^2 q_2^2}{2EI_2}\left[(1-x)\cos\frac{\pi x}{2e} - \frac{2l}{\pi}\left(1-\sin\frac{\pi x}{2l}\right)\right]^2\mathrm{d}x \tag{5-53}$$

所以

$$\begin{aligned} \Delta\mu_2 = \frac{\delta^2 q_2^2}{12EI_2\pi^3}&\left\{\left[3\pi^2 l(l-l_2)^2-3d^3\right]\sin\frac{\pi l_2}{l}+12\pi l^2\left(l\sin\frac{\pi l_2}{2l}+4l_2-4l\right)\sin\frac{\pi l_2}{2l}\right. \\ &+12l^2\left[\pi(3l_2-2l)\cos\frac{\pi l_2}{2l}+16l\right]\cos\frac{\pi l_2}{2l} \\ &\left.+\pi^3 l_2\left[3l(l-l_2)+l_2^2\right]+6l^2\left[\pi(3l_2+4l)\right]-32l\right\} \end{aligned} \tag{5-54}$$

$$\Delta\mu_1 = \int_{l_2}^l\frac{\delta^2 q_1^2}{2EI_1}\left[(1-x)\cos\frac{\pi x}{2l} - \frac{2l}{\pi}\left(1-\sin\frac{\pi x}{2l}\right)\right]^2\mathrm{d}x \tag{5-55}$$

$$\begin{aligned} \Delta\mu_1 = \frac{\delta^2 q_1^2}{12EI_1\pi}&\left\{\left[-3l\pi^2(l-l_2)^2+3d^3\right]\sin\frac{\pi l_2}{l}+12\pi l^2\left(-l\sin\frac{\pi l_2}{2l}+4l-4l_2\right)\sin\frac{\pi l_2}{2l}\right. \\ &\left.+12l^2\left[\pi(-3l_2+2l)\cos\frac{\pi l_2}{2l}+\pi^3 l_2\left[3l(l_2-l)-l_2^2\right]+6l^2\pi^3\right]\right\} \end{aligned} \tag{5-56}$$

然后，可以计算分布轴向载荷在杆横向屈曲时所做的功，由于挠度曲线的微元 $\mathrm{d}s$ 在截面 m—n 处倾斜，在这截面以下的荷重有一向下的位移，其值为

$$\mathrm{d}s-\mathrm{d}x \approx \frac{1}{2}\left(\frac{\mathrm{d}y}{\mathrm{d}x}\right)^2\mathrm{d}x \tag{5-57}$$

这时荷重所做功为

$$\Delta T = \Delta T_2 + \Delta T_1 = \int_0^{l_2}\frac{q_2}{2}(l-x)\left(\frac{\mathrm{d}y}{\mathrm{d}x}\right)^2\mathrm{d}x + \int_{l_2}^l\frac{q_1}{2}(l-x)\left(\frac{\mathrm{d}y}{\mathrm{d}x}\right)^2\mathrm{d}x \tag{5-58}$$

$$\Delta T_2 = \frac{1}{2}q_2\int_0^{l_2}(l-x)\left(\frac{\mathrm{d}y}{\mathrm{d}x}\right)^2\mathrm{d}x \tag{5-59}$$

$$\Delta T_1 = \frac{1}{2}q_1\int_{l_2}^l(l-x)\left(\frac{\mathrm{d}y}{\mathrm{d}x}\right)^2\mathrm{d}x \tag{5-60}$$

$$\Delta T_1 = \frac{q_1\delta^2}{32l^2}\left[2\pi l(l-l_2)\sin\frac{\pi l_2}{2l}+4l^2\sin\left(\frac{\pi l_2}{2l}\right)^2+l^2\pi^2-4l^2-2ll_2\pi^2+\pi^2l_2^2\right]$$

$$=\frac{q_1\delta^2}{32l^2}\left[2\pi l(l-l_2)\sin\frac{\pi l_2}{2l}+4l^2\sin\left(\frac{\pi l_2}{2l}\right)^2+\pi^2(l-l_2)^2-4l^2\right]$$

当系统处于临界状态时

$$\Delta\mu=\Delta T \tag{5-61}$$

因此将式（5-54）、式（5-55）、式（5-59）和式（5-60）代入式（5-61），可以得出在考虑变刚度条件下隔水导管自重内均布载荷的临界载荷计算公式：

$$\frac{q_2^2\beta_2}{3EI_2\pi^3}+\frac{q_1^2\beta_1}{3EI_1\pi^3}=\frac{q_2\alpha_2}{8l^2}+\frac{q_1\alpha_1}{8l^2} \tag{5-62}$$

在式（5-62）中，β_2 即由式（5-54）可得

$$\beta_2=\left[3\pi^2l(-l-l_2)^2-30l^3\right]\sin\frac{\pi l_2}{l}+12\pi l^2\left(l\sin\frac{\pi l_2}{2l}+4l_2-4l\right)\sin\frac{\pi l_2}{2l}$$

$$+12l^2\left[\pi(3l_2-2l)\cos\frac{\pi l_2}{2l}\right]\cos\frac{\pi l_2}{2l}+\pi^3l_2\left[3l(l-l_2)+l_2^2\right]$$

$$+6l^2\left[\pi(3l_2+4l)-32l\right] \tag{5-63}$$

由式（5-55）可知

$$\beta_1=\left[-3l\pi^2(l-l_2)^2+30l^3\right]\sin\frac{\pi l_2}{l}+12\pi l_2\left(-l\sin\frac{\pi l_2}{2l}+4l-4l_2\right)\sin\frac{\pi l_2}{2l}$$

$$+12l^2\left[\pi(-3l_2+2l)\cos\frac{\pi l_2}{2l}-16l\right]\cos\frac{\pi l_2}{2l}+\pi^3l_2\left[3l(l_2-l)-l_2^2\right]$$

$$+6l^2\left[\pi(5l-3l_2)\right]+l^3\pi^3 \tag{5-64}$$

由式（5-59）可知

$$\alpha_2=-\left[2\pi l(l-l_2)\sin\frac{\pi l_2}{l}+4l^2\sin\left(\frac{\pi l_2}{2l}\right)^2+\pi^2l_2(l_2-2l)\right] \tag{5-65}$$

由式（5-60）可知

$$\alpha_1=\left[2\pi l(l-l_2)\sin\frac{\pi l_2}{2l}+4l^2\sin\left(\frac{\pi l_2}{2l}\right)^2+\pi^2l_2(l_2-2l)-4l^2\right] \tag{5-66}$$

在式（5-62）中，考虑到实际情况，通常情况下 q_2 和 l_2 是预先可以确定的。因此，在式（5-62）中，在得知总长 l 的情况下，l_1 也就确定了，剩下问题仅仅是求 q_1，问题就变得简单了，求解就容易了，对式（5-62）进行变形，可以得到

$$\frac{q_2^2\beta_2}{3EI_2\pi^3}-\frac{q_1\alpha_1}{8l^2}=\frac{q_1\alpha_1}{8l^2}-\frac{q_2^2\beta_1}{3EI_1\pi^3} \tag{5-67}$$

或反过来也可求

$$\frac{q_1^2\beta_1}{3EI_1\pi^3}-\frac{q_1\alpha_1}{8l^2}=\frac{q_2\alpha_2}{8l^2}-\frac{q_2^2\beta_2}{3EI_2\pi^3} \tag{5-68}$$

由此可见，求解 q_2 即变为求解二次方程，于是得

$$q_1^2\beta_1\cdot8l^2-q_1\alpha_1\cdot3EI_1\pi^3-q_2^2\beta_2\cdot\frac{8l^2I_1}{I_2} \tag{5-69}$$

令
$$A = 8\beta_1 l^2$$
$$B = 3\alpha_1 EI_1 \pi^3$$
$$C = 8q_2^2 \beta_2 l^2 \frac{I_1}{I_2} - 3q_2\alpha_2 EI_1 \pi^3$$

可求出

$$(q_1 l)_{cr} = \frac{-3\alpha_1 EI_2 \pi^3 \pm \sqrt{q\pi^6 (\alpha_1 EI_2)^2 - 3\alpha\beta_1 l^2 (8q_2^2\beta_2 l^2 \frac{I_1}{I_2} - 3q_2\alpha_2 EI_1\pi^3)}}{16\beta_1 l} \quad (5-70)$$

针对上述结论，下面展开讨论：

（1）特殊情况。当 $q_1 = q_2 = q$，即 $I_2 = I_1 = I$，$l_2 = l$，$l_1 = 0$，采用常规的不变刚度结构时，其临界载荷值计算如下。

由式（5-63）可知
$$\beta_2 = l^3 (54\pi + \pi^3 - 192)$$

由式（5-64）可得
$$\beta_1 = 12\pi l^2 (-l + 4l - 4l) + \pi^3 l(-l_2^2) + 6l^2\pi(2I) + l^3\pi^3 = 0$$

由式（5-65）可得
$$\alpha_2 = -[4l^2 + \pi^2 l(-l)] - (4l^2 - \pi^2 l^2) = l^2(\pi^2 - 4)$$

由式（5-66）可得
$$\alpha_1 = 0$$

将上述结果代入式（5-67）可得
$$(ql)_{cr} = 7.98 \frac{EI_2}{l^2} \quad (5-71)$$

此即为在均布载荷条件下的临界载荷[18]，并且与文献［8］给出的结果相比，误差不足 10%，足以满足工程对精度的要求，因此，充分说明该方程求解的正确性，其特殊性就是在刚度不变条件下，临界载荷满足式(5-71)。

（2）在实际问题的求解过程中，当确定 $q_2 l_2$ 时，就可以用式(5-70)来求解临界载荷 $(q_1 l_1)_{cr}$，这与通常情况不考虑变刚度条件下的隔水导管设计不同。

（3）采用变刚度设计以后，显然在提高其稳定性同时也有很好的经济性，在工程应用实际中，可以起到节约材料、增加稳定安全的效果。

当考虑到导管顶部还有集中载荷 P 时，在 P 载荷作用下的弯曲应变能 u 计算过程如下：

$$u_2 = \frac{EI_2}{2}\int_0^{l_2}\left(\frac{d^2 y}{dx^2}\right)^2 dx = \frac{EI_2\pi^3\delta^2}{64l^4}\left(l\sin\frac{\pi l_2}{l} + \pi l_2\right) \quad (5-72)$$

$$u_1 = \frac{EI_1}{2}\int_{l_2}^{l}\left(\frac{d^2 y}{dx^2}\right)^2 dx = \frac{EI_1\pi^3\delta^2}{64l^4}\left(\pi l - l\sin\frac{\pi l_2}{l} - \pi l_2\right) \quad (5-73)$$

因此
$$u = \frac{EI_2\pi^3\delta^2}{64l^4}\left(l\sin\frac{\pi l_2}{l} + \pi l_2\right) + \frac{EI_1\pi^3\delta^2}{64l^4}\left(\pi l - l\sin\frac{\pi l_2}{l} - \pi l_2\right) \quad (5-74)$$

轴向力 P 做功：
$$\Delta T_3 = \frac{P}{2}\int_0^l\left(\frac{dy}{dx}\right)^2 dx = \frac{\pi^2 P\delta^2}{16l} \quad (5-75)$$

由导管系统达到临界状态时必然有弯曲应变能 u，高于轴向力 P 做功 ΔT_3，与自垂均布载荷 q 做功 ΔT_1 与 ΔT_2 之和相等，因此必然有

$$u = T$$

由式(5-72)、式(5-73) 和式(5-59)、式(5-60)、式(5-65)、式(5-66) 及式(5-75) 可得到

$$u_2 + u_1 = \Delta T_2 + \Delta T_1 + \Delta T_3$$

即

$$\frac{EI_2\pi^3}{4l^3}\left(l\sin\frac{\pi l_2}{l}+\pi l_2\right)+\frac{EI_1\pi^3}{4l^3}\left(\pi l-l\sin\frac{\pi l_2}{l}\right)=\frac{q_2}{2l}\alpha_1+\frac{q_1}{2l}\alpha_1+\pi^2 P$$

$$P=\frac{EI_2\pi^3}{4l^3}\left(l\sin\frac{\pi l_2}{l}+\pi l_2\right)+\frac{EI_1\pi^3}{4l^3}\left(\pi l-l\sin\frac{\pi l_2}{l}-\pi l_2\right)-\frac{q_2\alpha_2}{2\pi^2 l}-\frac{q_1\alpha_1}{2\pi^2 l}$$

$$P=\frac{EI_2\pi}{4l^2}\left(\sin\frac{\pi l_2}{l}+\frac{\pi l_2}{l}\right)+\frac{EI_1\pi}{4l^2}\left(\pi-\sin\frac{\pi l_2}{l}-\pi l_2\right)-\frac{1}{2\pi}(q_2\alpha_2+q_1\alpha_1) \tag{5-76}$$

观察式(5-76) 可以发现：

(1) 当 $l_2=l$，$l_1=0$，$I_2=I_1=I$，$q_1=q_2=q$ 时，由式(5-66) 可知，$\alpha_2=l^2(\pi^2-4)$，$\alpha_1=0$，由式(5-76) 可得

$$P_{cr}=\frac{EI\pi}{4l^2}\pi-\frac{1}{2\pi^2 l}\left[ql^2(\pi^2-4)\right]=\frac{EI\pi^2}{4l^2}-ql^2\left(\frac{1}{2}-\frac{2}{\pi^2}\right)$$

$$P_{cr}=\frac{EI\pi^2}{4l^2}-2ql\left(\frac{1}{4}-\frac{1}{\pi^2}\right) \tag{5-77}$$

(2) 讨论式(5-77)：①当不考虑自重，即 $q=0$ 时，轴向临界压力 $P_{cr}=\dfrac{EI\pi^2}{4l^2}$，这就是大家所熟悉的欧拉载荷；②考虑自重均布载荷对临界轴向压力的影响时，临界压力减少的值与自重和杆长成正比，即与 ql 成正比；③考虑在杆顶端作用轴向力 P 与自重均布载荷 q 时，与文献 [8] [9] 的结果 $P_{cr}=\dfrac{EI\pi^2}{4l^2}-0.3ql$ 相比非常接近，第二项仅相差 0.3%，可见其计算结果是足够精确的了。

(3) 观察式(5-77) 可以发现，这是在变刚度和考虑自重均布载荷条件下的临界载荷的普遍形式，前面两项是标准压杆的欧拉载荷，而第三项则是由自重引起的均布载荷对临界压力的减少，这个规律与式(5-77) 的特殊情形是一致的。

(4) 由式(5-76)，在通常隔水导管处于单桩情况下，可以同时考虑其顶部的轴向载荷和自重引起的均布载荷对临界压力的影响，这样更接近于实际情况。

3. 工程实例

[例5-4]　在传统的隔水导管设计中，往往是在泥线以上采用同一刚度的导管。为了节约成本，在此我们从设计开始采用变刚度导管串的设计，以达到既满足作业需求又节约成本的目的。因此，设在泥线以上的导管串中，长度一半的导管采用原刚度导管，另一半则减少刚度。试设计隔水导管。

在不考虑顶部集中轴向载荷，仅考虑自重引起的均布载荷的特殊情况下，取 $l_1=l_2=\dfrac{l}{2}$ 时，由式(5-63) 可知

$$\beta_2 = 3\pi^2 l \frac{l^2}{4} - 30l^3 + 12\pi l^2 \left(l\frac{\sqrt{2}}{2} + \frac{4l}{2} - 4l \right)\frac{\sqrt{2}}{2} + 12l^2 \left[\pi\left(3\frac{l}{2} - 2l\right)\frac{\sqrt{2}}{2} + 16l \right]\frac{\sqrt{2}}{2}$$

$$+ \pi^3 \frac{l}{2}\left(3l\frac{l}{2} + \frac{l^2}{4}\right) + 6l^2\pi^3\frac{l}{2} + 4l - 32l^2$$

因此
$$\beta_2 = \left(\frac{3}{4}\pi^2 - 30\right)l^3 + 12\pi l^3\left(\frac{\sqrt{2}}{2} + 2 - 4\right)\frac{\sqrt{2}}{2}$$

$$\Delta u_2 = \frac{\delta^2 q_2^2 l^3}{96 EI_2 \pi^3}(-1776 + 7\pi^3 - 96\sqrt{2}\pi + 6\pi^2 + 768\sqrt{2} + 288\pi) = 64.00\left(\frac{\delta^2 q_2^2 l^3}{96 EI_2 \pi^3}\right)$$

由式（5-56）可得
$$\Delta u_1 = \frac{\delta^2 q_1^2 l^3}{96 EI_1 \pi^3}(\pi^3 - 144\pi + 96\sqrt{2} - 6\pi^2 - 768\sqrt{2} + 240) = 4.155\left(\frac{\delta^2 q_1^2 l^3}{96 EI_2 \pi^3}\right)$$

由式（5-59）可知
$$\Delta T_2 = \frac{q_2 \delta^2}{2}\left(-\frac{\pi}{16} - \frac{1}{8} + \frac{3\pi^2}{64}\right) = 0.533\frac{q_2 \delta^2}{2}$$

由式（5-60）可知
$$\Delta T_1 = \frac{q_1 \delta^2}{2}\left(\frac{\pi^2}{64} - \frac{\pi}{16} + \frac{1}{8}\right) = 0.225\frac{q_1 \delta^2}{2}$$

将上述四式代入式（5-62）可得
$$64\frac{\delta^2 q_2^2 l^3}{96 EI_2 \pi^3} + 4.16\frac{\delta^2 q_1^2 l^3}{96 EI_1 \pi^3} = 0.53\frac{q_2 \delta^2}{2} + 0.23\frac{q_1 \delta^2}{2}$$

$$64 q_2^2 l^3 + 4.16 q_1^2 l^3 \frac{I_2}{I_1} = \frac{0.53 \times 96 EI_2 \pi^3 q_2}{2} + \frac{0.23 \times 96 EI_2 \pi^3 q_1}{2}$$

因此
$$64 q_2^2 l^3 + 4.16 q_1^2 l^3 \frac{I_2}{I_1} = 25.44 EI_2 \pi^3 q_2 + 11.04 EI_2 \pi^3 q_1$$

$$4.16\frac{I_2}{I_1} l^3 q_1^2 - 11.04 EI_2 \pi^3 q_1 + 64 l^3 q_2^2 - 25.44 EI_2 \pi^3 q_2 = 0$$

令
$$A = 4.16\frac{I_2}{I_1}l^3$$
$$B = -11.04 EI_2 \pi^3$$
$$C = 64 q_2^2 l^3 - 25.44 EI_2 \pi^3 q_2$$

解得临界载荷：
$$q_1 l = \frac{11.04 EI_2 \pi^3 + \sqrt{21.88(EI_2\pi^3)^2 - 16.64\frac{I_2}{I_1}l^3(64 q_2^2 l^3 - 25.44 EI_2 \pi^3 q_2)}}{8.32\frac{I_2}{I_1}l^2}$$

至此，只要代入已知具体数据，即可以求解 q_1 的临界载荷。

4. 认识和看法

（1）考虑钻井水隔水导管的单桩生存能力及其稳定性，在某些特定条件下，是有其特殊用途的，可以用来评估井口的生存能力，为下一步作业选择安全措施，因此开展这项研究工作有很重要的意义。

（2）采用变刚度的塔式隔水导管串结构可以很好地解决稳定性问题，同时，由于上部刚度变小，导管的尺寸和重量减少，还可以节约成本，因此具有很强的实际工程应用意义。

（3）本节在考虑自重均布载荷与轴向集中力载荷作用条件下导出的临界载荷方程，反映了杆件受力变形的特征，同时方法简便，精度完全满足需要，易于操作和掌握，对于工程设计和现场作业有很好的指导意义。

（4）需要在传统的工艺和设计中去寻求一些改进的地方，这些改进必须向结构更加合理、性能更加可靠、经济上更有吸引力的方向发展，这就要求工程技术人员在基本原理的应用和传统性思维中，把掌握安全、实用、简化合理的原则。

（5）本节采用的弹性稳定性的研究方法，导出在临界状态下的临界载荷方程，并且分别对自重均布载荷 q 以及顶部集中载荷 P 的联合作用下的临界载荷方程进行了讨论和分析。这些方程的应用，有助于解决工程设计和作业者在现场所遇到的问题，同时对于如何正确理解和考虑隔水导管的稳定性有一定的帮助。

（6）本节未考虑环境参数，特别是风、波浪、海流作用等因素不在本节论述范围之内，故不作赘述，因此对于某些特定海况和海域的问题，应结合实际情况考虑。

第五节
海洋隔水导管临界屈曲载荷及稳定性研究

一、隔水导管临界屈曲载荷问题的提出

在隔水导管的使用和操作中，常常会遇到一些在现有的文献和教科书中难以寻求现成答案的问题。这说明在隔水导管这一领域中还有许多未知因素需要探索。例如，在钻井作业中，常常会遇到在钻井平台的钻井月池的井口盘中，难以对隔水导管加以有效的固定；在安装井口防喷器组时，隔水导管上能够承载以及应该承载多大的重量为宜，这样既能最大限度发挥井口防喷的作用又能安全合理地使用隔水导管系统。这对指导现场作业、保证作业安全都有很现实的意义。

在传统观念中，隔水导管通常是以 30in 导管作为勘探阶段钻井用导管，并且隔水导管通常采用外径为 30in、内径为 28in 的导管串结构。

通常情况下采用同一刚度的管柱，在这种情况下还需要考虑隔水导管集中载荷和均布载荷作用下的临界压力及其对作业产生的影响。这正是本节要提出的问题和研究的意义所在，同时，开展对隔水导管临界载荷的问题研究，将对油田的安全生产及边际油田有效控制开发成本，有着十分重要的现实意义。

二、力学模型的建立和研究

在自升式钻井平台上，隔水导管受力情况如图 5-9 所示。为简单起见，将隔水导管入

泥线端视为嵌固端，而在井口由于有钻井月池井口盘顶紧螺杆的径向约束视为铰支端。

由于在井口安装井口防喷器，因此，有集中载荷 P 的作用。另外，由于隔水导管管径大，自重也很大，因此，考虑受自身重量为均布载荷 q 的作用。在集中载荷 P 和均布载荷 q 的作用下，隔水导管即为典型的受力杆件，其挠曲变形如图 5-9 所示。设管串长为 l，受轴向力作用后杆件偏离轴线最大位移是 δ，由文献［8］假定其挠度曲线为一正弦曲线，并且作为一般近似，则得到挠曲方程为

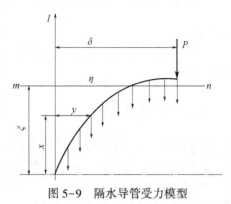

图 5-9　隔水导管受力模型

$$y = \delta \sin \frac{\pi x}{l} \qquad (5-78)$$

对式(5-78) 求一阶导数可得到

$$\frac{\mathrm{d}y}{\mathrm{d}x} = \frac{\delta \pi}{l} \cos \frac{\pi x}{l} \qquad (5-79)$$

对式(5-78) 求二阶导数可得到

$$\frac{\mathrm{d}^2 y}{\mathrm{d}x^2} = -\frac{\delta \pi^2}{l^2} \sin \frac{\pi x}{l} \qquad (5-80)$$

由文献［9］［10］可知：铰支挠曲线在弯曲时，其挠度曲线的长度与弦长之差为

$$\lambda = \frac{1}{2} \int_0^l \left(\frac{\mathrm{d}y}{\mathrm{d}x} \right)^2 \mathrm{d}x = \frac{\delta^2 \pi^2}{4l} \qquad (5-81)$$

轴向集中载荷 P 做功为

$$\omega_1 = P\lambda = \frac{P\delta^2 \pi^2}{4l} \qquad (5-82)$$

同时，还要考虑自重引起的均布载荷 q 做功：

$$\omega_2 = \frac{1}{2} q \int_0^l (l - x) \left(\frac{\mathrm{d}y}{\mathrm{d}x} \right)^2 \mathrm{d}x = \frac{q\delta^2 \pi^2}{8} \qquad (5-83)$$

杆件弯曲时其变形能力为

$$u = \frac{1}{2} EI \int_0^l \left(\frac{\mathrm{d}^2 y}{\mathrm{d}x^2} \right)^2 \mathrm{d}x = \frac{EI\pi^4 \delta^2}{4l^3} \qquad (5-84)$$

在系统达到临界状态时，必然有[2]

$$u = \omega_1 + \omega_2 \qquad (5-85)$$

式(5-82)、式(5-83)、式(5-84) 代入式(5-85) 可得

$$\frac{EI\pi^2}{l^3} = \frac{P}{l} + \frac{q}{2} \qquad (5-86)$$

由此可解出临界载荷：

$$P_{\mathrm{cr}} = \frac{EI\pi}{l^3}(-\pi l) - \frac{q\pi^2 l^2}{2l\pi^2} = \frac{EI\pi^2}{l^2} - \frac{ql}{2} \qquad (5-87)$$

式(5-87) 即为在考虑端部集中载荷 P 以及自重均布载荷 q 时的一端固支、一端铰支的杆件的临界载荷。观察式(5-87) 可以发现：

（1）在不考虑自重条件下，第二项为零，则式(5-87)成为 $P_{cr}=\dfrac{EI\pi^2}{l^2}$，此即标准的欧拉载荷。

（2）考虑自重均布载荷时，其作用是减少临界载荷，临界载荷减少值为导管串总重量 ql 的一半。

三、计算实例

[**例 5-5**]　以钻井隔水导管实际情况为例，设定此时开口是在钻井平台的钻井月池里，顶部处于铰支固定的状态，情况如图 5-10 所示。已知：渤海某油田水深 25m，用自升式钻井平台进行钻井作业，其气隙为 10m。隔水导管上部受井口小平台的约束，顶部可视为铰支端；底部入泥 50m，可视为嵌入端。井筒导管和表层套管数据如表 5-5 所示。

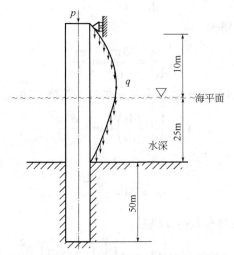

图 5-10　例 5-5 钻井隔水导管受力分析图

表 5-5　渤海××井井筒泥挂以上主要数据

钢级	外径		内径		长度，m	均布载荷 N/m	备注
	in	mm	in	mm			
X52	30	762	28	711.2	35	4613	入泥 50m
K55	20	508	18.73	475.7	35	1040	泥挂以上
N80	13⅜	339.7	12.915	315.3	35	1000	泥挂以上

井口防喷器组重量：13⅜in×10m，组合为：万能防喷器×5m+双闸板防喷器×10m+单闸板防喷器×10m+钻井四通总重量约为 440kN。

试分析弹性稳定性，取钢材弹性模量 $E=2.1\times10^6 kgf/cm^2$。

解：在所给的条件下，按照式(5-87)可以解得临界载荷结果，其中 P_{cr} 为不考虑自重影响的临界载荷值。计算结果如表 5-6 所示。

表 5-6 例 5-5 计算结果

外径		内径 cm	均布载荷 N/m	长度 m	临界载 P_{cr} kN	考虑自重影的 临界载荷 P_{cr} kN	载荷值	
in	cm						管串重量 kN	抗拉安全 系数
30	76.2	71.1212	4613	35	6661.92	6742.60	161.4	132.5
20	50.8	47.5757	1980	35	1241.55	1276.20	69.0	100.8
$13\frac{3}{8}$	33.97	31.53	1000	35	267.19	284.69	35.0	138.6

四、认识及其看法

（1）根据钻井隔水导管的实际受力和约束情况建立的挠曲方程，基本上反映了钻井隔水导管的实际情况，其中考虑到隔水导管自重 ql 条件下，钻井隔水导管的临界载荷 P_{cr} 的描述对于现场操作具有实际的指导意义。

（2）不考虑自重条件下，则式（5-87）成为 $P_{cr} = \dfrac{EI\pi^2}{l^2}$，此即标准的欧拉载荷，但是考虑隔水导管自重 ql 条件与钻井隔水导管的实际受力和约束情况更为接近。

（3）在仅仅下入钻井隔水导管以后，就安装钻井分流器。此时钻井隔水导管顶部将承受分流器的重量为 140~200kN。可见前面的钻井隔水导管设计有很大的安全余量。

（4）建立了钻井隔水导管的临界载荷 P_{cr} 的表达式，可以清楚地了解到钻井隔水导管的挠曲形式，及在安装井口防喷器时在隔水导管上可以施加的轴向载荷，在钻井作业中可使用这一载荷，提高作业的安全可靠性。

五、海上钻井变刚度隔水导管临界屈曲载荷及稳定性

1. 变刚度隔水导管问题的提出

钻井隔水导管在考虑自重的实际情况下，其自重 ql 的作用是减少隔水导管单桩弹性稳定的临界载荷。由式（5-87）知道，如果尽量设法减轻隔水导管的重量，则可以增加隔水导管单桩弹性稳定的临界载荷。这样做的优越性在于：一方面，临界载荷增加，隔水导管单桩更加趋于稳定，安全性能加大；另一方面，隔水导管的重量减轻，在经济上意义也很大，可以节约钻井隔水导管的费用。

因此，在钻井隔水导管管串的设计中，可以考虑采用变刚度的管串结构设计，即在钻井隔水导管管串的上部采用刚度相对较小的隔水导管，而在钻井隔水导管管串的下部采用刚度相对较大的隔水导管。这样一来，不但增加了钻井隔水导管的安全性能，同时还可以降低钻井成本。

2. 变刚度隔水导管临界屈曲的力学模型

在现场作业时，在保证安全的前提条件下，要尽可能地节约材料。若采用塔式变刚度结构将较为经济，仍然将隔水导管入泥线端视为嵌固端，而在井口由于有钻井井口的径向约束视为铰支端。

由于在井口安装井口防喷器，因此，有集中载荷 P 的作用。另外，由于隔水导管管串采用变刚度机构，因此，考虑受自身重量为均布载荷 q_1 和 q_2，隔水导管长度为 l_1 和 l_2。在

集中载荷 P 和均布载荷（q_1 及 q_2）的作用下，隔水导管即为典型的变刚度受力杆件，其挠曲变形如图 5-11 所示，设管串总长为 l，受轴向力作用后，杆件偏离轴线最大位移是 d。

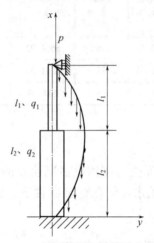

图 5-11　变刚度隔水导管受力模型

均布载荷 q 做功为

$$\omega_3 = \frac{1}{2}q_2\int_0^{l_2}(l-x)\left(\frac{\mathrm{d}y}{\mathrm{d}x}\right)^2\mathrm{d}x$$

$$= \frac{q_2\delta^2}{8l^2}\left[l^2\pi^2\sin\alpha\,\frac{\pi l_2}{l}+2ll_2\pi^2-\pi ll_2\,\sin^2\frac{\pi l_2}{l}-\pi 2l_2^2+l^2\sin\left(\frac{\pi l_2}{l}\right)^2\right]$$

$$= \frac{q_2\delta^2}{8l^2}\left[l\pi(l-l_2)\sin^2\frac{\pi l_2}{l}-\pi^2l_2(2l-l_2)+l^2\sin\left(\frac{\pi l_2}{l}\right)^2\right]$$

$$\omega_4 = \frac{1}{2}q_1\int_{l_2}^{l}(l-x)\left(\frac{\mathrm{d}y}{\mathrm{d}x}\right)^2\mathrm{d}x$$

$$= \frac{q_1\delta^2}{8l^2}\left[\pi^2l^2-2\pi^2ll_2+\pi^2l_2^2+(\pi l_2l-\pi l^2)\,\sin^2\frac{\pi l_2}{l}-l^2\sin\left(\frac{\pi l_2}{l}\right)^2\right]$$

$$= \frac{q_1\delta^2}{8l^2}\left[\pi^2\,(l^2-2ll_2-l_2^2)+\pi l\,(l_2-l)\,\sin^2\frac{\pi l_2}{l}-l^2\sin\left(\frac{\pi l_2}{l}\right)^2\right]$$

$$= \frac{q_1\delta^2}{8l^2}\left[\pi^2\,(l-l^2)^2+\pi l\,(l_2-l)\,\sin^2\frac{\pi l_2}{l}-l^2\sin\left(\frac{\pi l_2}{l}\right)^2\right] \tag{5-88}$$

由式（5-85）可知，弯曲变性能为

$$u = u_1 + u_2 = \frac{EI_1}{2}\int_{l_2}^{l}\frac{\delta^2}{l^4}\sin\left(\frac{\pi x}{l}\right)^2\mathrm{d}x + \frac{EI_2}{2}\int_0^{l_2}\frac{\delta^2}{l^4}\sin\left(\frac{\pi x}{l}\right)^2\mathrm{d}x$$

$$u_1 = \frac{EI_1\pi^3\delta^2}{4l^4}\left[\pi(l-l_2)+\frac{l}{2}\sin^2\frac{\pi l_2}{l}\right]+\frac{EI_2\pi^3\delta^2}{4l^4}\left(\frac{l}{2}\sin^2\frac{\pi l_2}{l}-\pi l_2\right) \tag{5-89}$$

式（5-82）、式（5-87）、式（5-88）和式（5-89）代入式（5-85）可得

$$\frac{EI_1\pi^3}{l^3}+\frac{EI_2\pi^3}{l^3}\left(\frac{l}{2}\sin^2\frac{\pi l_2}{l}-\pi l_2\right)=E\pi^2+\frac{q_2}{2l}\left[\pi^2(l-l_2)\sin^2\frac{\pi l_2}{l}-l^2\sin\left(\frac{\pi l_2}{l}\right)^2\right]$$

$$+\frac{q_1}{2l}\left[\pi^2(l-l_2)+\pi l(l_2-l)\sin^2\frac{\pi l_2}{l}-l^2\sin\left(\frac{\pi l_2}{l}\right)^2\right]$$

$$P=\frac{EI_1\pi}{l^3}\left[\pi(l-l_2)+\frac{l}{2}\sin^2\frac{\pi l_2}{l}\right]+\frac{EI_2\pi}{l^3}\left[\frac{l}{2}\sin^2\frac{\pi l_2}{l}-\pi l_2\right]-\frac{q_2\beta_2}{2l\pi^2}-\frac{q_2\beta_1}{2l\pi^2}$$

$$P_{cr}=\frac{EI_1\pi}{l^3}\alpha_1+\frac{EI_2\pi}{l^3}\alpha_2-\left(\frac{q_2\beta_2}{2l\pi^2}+\frac{q_2\beta_1}{2l\pi^2}\right) \tag{5-90}$$

其中

$$\alpha_1=\pi(l-l_2)+\frac{l}{2}\sin^2\frac{\pi l^2}{l} \tag{5-91}$$

$$\alpha_2=\frac{l}{2}\sin^2\frac{\pi l^2}{l}-\pi l_2 \tag{5-92}$$

$$\beta_2=\left[l\pi(l-l_2)\sin^2\frac{\pi l^2}{l}-\pi^2 l_2(2l-l_2)+l^2\sin\left(\frac{\pi l^2}{l}\right)^2\right]$$

$$=\pi^2 l_2(l+l_1)+\pi ll_1\sin^2\frac{\pi l^2}{l}+l^2\sin\left(\frac{\pi l^2}{l}\right)^2 \tag{5-93}$$

$$\beta_1=\left[\pi^2(l-l_2)^2+\pi l(l_2-l)+\sin^2\frac{\pi l^2}{l}-l^2\sin\left(\frac{\pi l^2}{l}\right)^2\right]$$

$$=\pi^2 l_1^2-\pi ll_1\sin^2\frac{\pi l^2}{l}+l^2\sin\left(\frac{\pi l^2}{l}\right)^2 \tag{5-94}$$

对式(5-90)进行讨论：

(1) 当 $l_2=l$，$q_2=q$，$I_2=I$ 时，由式(5-91)可得 $\quad\alpha_1=0$

由式(5-92)可得 $\qquad\qquad\qquad\alpha_2=-pl$

由式(5-93)可得 $\qquad\qquad\qquad\beta_2=p^2l^2$

由式(5-94)可得 $\qquad\qquad\qquad\beta_1=0$

将式(5-92)、式(5-93)中的 α_2 和 β_2 代入式(5-90)可得

$$P_{cr}=\frac{EI_2\pi}{l^3}(-\pi l)-\left(\frac{q_2\pi^2 l^2}{2l\pi^2}\right)=\frac{EI_2\pi^2}{l^2}-\frac{q_2 l}{2} \tag{5-95}$$

观察式(5-94)可以发现：

① 当考虑的管柱为同一刚度管柱时，得出的临界载荷与式(5-87)完全相同，这说明了两个问题：一方面验证了式(5-90)的正确性，说明在变刚度条件下，可以采用式(5-90)来求解临界载荷；另一方面，说明了式(5-90)与式(5-95)之间内在的联系。

② 式(5-95)是式(5-90)的一个特殊例子，说明通用式(5-87)完全可以适用于同刚度条件下临界载荷的求解。

(2) 特殊的，当 $l_1=l_2=\dfrac{l}{2}$ 时，由式(5-91)可得

$$\alpha_1=\frac{\pi l}{2}$$

由式(5-92)可得 $\qquad\qquad\qquad\alpha_2=-\dfrac{\pi l}{2}$

由式(5-94) 可得
$$\beta_1 = \frac{\pi^2 l^2}{4} - l^2$$

由式(5-93) 可得
$$\beta_2 = \frac{3}{4}\pi^2 l^2 + l^2$$

代入式(5-90) 可得

$$P_{cr} = \frac{EI_1\pi^2}{2l^2} + \frac{EI_2\pi^2}{2l^2} - \frac{l}{2}\left[q_2\left(\frac{3}{4}+\frac{1}{\pi^2}\right)+q_1\left(\frac{1}{4}-\frac{1}{\pi^2}\right)\right] \qquad (5-96)$$

观察式(5-96) 可发现：

① 当 $I_1 = I_2 = I$，$q_1 = q_2 = q$ 时，代入式(5-90) 可得

$$P_{cr} = \frac{EI\pi^2}{l^2} - \frac{1}{2}ql \qquad (5-97)$$

可见：式(5-97) 是当 $L_1 = L_2$ 时，$q_1 - q_2 = q$，$I_1 - I_2 = I$ 限定条件约束下的特殊情况，此时恰好与前面式(5-94) 情况相同，这说明式(5-90) 是通式，而式(5-96) 是在 $l_1 = l_2$ 条件下的特殊式。

② 可以发现，式(5-96) 前面两项中，当 $I_1 = I_2$ 时，$\dfrac{EI_1\pi^2}{2l^2} + \dfrac{EI_2\pi^2}{2l^2} = \dfrac{EI\pi^2}{l^2}$，即为压杆的欧拉载荷，而第三项则说明自重均布载荷对临界的影响，并且在 $L_1 = L_2$ 的条件下，q_2 的影响要比 q_1 影响大。

3. 计算实例

[例5-6] 以钻井隔水导管实际情况为例，设此时顶部处于铰支固定的状态。已知：渤海某油田水深32m，用自升式钻井平台进行钻井作业，其气隙为10m，隔水导管上部受井口小平台的约束，顶部可视为铰支端；底部入泥50m，可视为嵌入端。导管及其套管屈服强度的计算依据为：30in 导管的钢级为 X52，20in 和 13⅜in 套管的钢级为 J55。试分析此时隔水导管的弹性稳定性。

解1：在不变刚度隔水导管条件下，按照式(5-93) 可以求得临界载荷，设 P_{cr1} 为不考虑自重影响时临界载荷，计算结果见表5-7。

表5-7　例5-6不变刚度导管条件下计算结果

外径		内径 cm	临界载荷 N/m	长度 m	临界载荷 P_{cr} kN	不考虑自重影响的临界载荷 P_{cr1} kN	管柱自重 kN	抗拉安全系数
in	cm							
30	76.2	71.12	461.3	42	4585.54	46.8235	19.36	110.4
20	50.8	47.57	198	42	896.25	844.67	8.3	115.5
13⅜	33.97	31.53	100	42	176.70	197.70	4.2	115

解2：在考虑变刚度阶梯形隔水导管柱条件下，按照式(5-96) 可求解，计算结果见表5-8。

表 5-8　例 5-6 变刚度导管条件下计算结果

组合管径 in	外径 cm	内径 cm	l_2,m	q_2 N/m	外径 cm	内径 cm	l_1,m	q_1,N/m	临界载荷 kN	管柱自重 kN	抗拉安全系数
30×20	76.2	71.12	21	461	50.84	47.57	21	194	79.78	13.76	69.81
20×13⅜	50.8	47.5	21	198	34	32	21	100	15.92	6.26	77.18
30×30	76.2	71.12	21	461	76	73	21	292	295.22	15.81	85.75

分析计算结果，不难发现：

（1）在考虑海上一开钻井下入 30in 隔水导管后，假定在井口安装 30in×1m 环形防喷器，其重量为 147kN。此时 30in 环形防喷器重量仅为临界载荷的 2.2%，可见。常用管柱的安全余量很大，其临界载荷的安全系数为 $n_s = \dfrac{666}{14.7} = 45.3$。而后续作业中，若 13⅜in×10m 防喷器组重量假定全部加在钻井隔水导管上，其安全系数为 $n_s = \dfrac{666}{44} = 15$。由此可见，不但仍然安全，而且余量很大。

（2）如果采用变刚度的塔式结构、外径尺寸相同但内径不同的 30in×30in 隔水导管，其自重为 4610N/m 和 2920N/m，即底部壁厚而上部壁薄两种。采用不同内壁的变刚度组合时，其临界载荷为 4307kN，即此时安装自重为 147kN 的 30in×1m 环形防喷器，其临界载荷的安全系数为 $n_s = \dfrac{430.7}{14.7} = 29.3$，可见安全余量很大。考虑到后续作业中即使将 13⅜in×10m 防喷器组重量全部加在隔水导管上，其安全系数为 $n_s = \dfrac{461}{44} = 10.4$。

（3）在作业条件允许时，还可以考虑采用塔式变刚度结构，即在靠近海床一端采用粗直径管，靠近钻井井口一端采用小直径管的办法。如果采用 30in×20in 的塔式变刚度隔水导管组合，此时临界载荷为 3935.6kN。若此时安装 21¼in×5m 防喷器，其自重为 200kN，则此时临界载荷的安全系数 $n_s = \dfrac{383.56}{20} = 19.68$。考虑到后续作业中，即使将 13⅜in×10m 防喷器组的全部重量都加到隔水导管上，管柱仍然安全。

（4）考虑到作业降低成本、提高效率的需求，表层开钻采用变刚度的塔式结构。若采用 20in×13⅜in 的组合，则此时其临界载荷为 748kN。若仅考虑表层作业，安装 21¼in×5m 的防喷器，其自重为 200kN，则此时临界载荷的安全系数为 $n_s = \dfrac{74.8}{20} = 3.74$。

（5）当水深从 35m 增加到 42m 时，临界载荷减少较快，对 30in 自重为 4610N/m 的隔水导管而言，其临界载荷由 6662kN 降至 4586kN，即水深增加 16%，临界载荷降低 31%。

（6）若采用变刚度结构为 30in×20in 隔水导管结构，在水深由 35m 增到 42m 时，其临界载荷由 3936kN 降至 798kN，即在水深增加 16% 的条件下，临界载荷降低约 80%。

4. 结论及认识

（1）在自升式钻井平台上，隔水导管采用本节一端嵌固、一端铰支约束的模型求解弹性稳定性及其临界载荷的方法，在原理上和技术上是可行的。

（2）就海上作业常用的表层防喷器 30in×1m 及 21¼in×5m 两种常用形式上看，均可以采用本节所计算的常规 30in、变刚度的 30in×20in 及 30in×30in 三种不同组合形式，其临界载荷均满足作业需要。

（3）采用变刚度塔式结构或变壁厚结构，均可以减少隔水导管的重量约 1/4~1/3，不但可以减轻重量，也可以节约钢材，降低成本，有重要的实用意义，在现场作业中，也可以操作和实现。

（4）水深的变化对隔水导管弹性稳定性影响较大。在本节的实例中，水深增加不足 20%，但隔水导管的弹性临界载荷减少量高达 30%~80%。因此，在不同的水深作业条件下，管柱长度变化会影响到临界载荷的变化，这点要引起足够的重视。

（5）海上的边际油田开发，需要从不同的角度去思考保证作业安全、降低作业成本的方法。本节仅在隔水导管弹性稳定性上，在这方面作了积极而有益的探索，并且希望通过对钻井工艺中的一些问题的研究，探索在边际油田开发中，从传统方式中去考虑挖潜的方向，从作业安全性、可操作性方面去探索和思考。

思考题

1. 简述等安全系数法的概念以及进行套管柱设计的原则。

2. 套管柱在井下可能受到哪些力的作用？这些力主要有哪几种？

3. 主要有几种套管柱的设计方法？各有何特点？

4. 何谓双向应力椭圆？何时考虑双向应力？

5. 某井用 139.7mm、N80 钢级、壁厚为 9.17mm 的套管，其额定抗外挤强度 $p_c = 60881\text{kPa}$，管体抗拉屈服强度为 2078kN，下套管时井内钻井液的密度为 1.30g/cm^3。试分别求在套管下部悬挂 194kN 的套管和没有下部悬挂时各自的允许下深。

6. 某井井深为 3500m，预计最大内压力为 42MPa，现采用 139.7mm、N80 钢级、壁厚为 9.17mm 的套管从上到下延伸到井口。该套管线密度为 291.9N/m，其额定抗内压强度为 63363kPa，抗外挤强度为 60881kPa，管体抗拉屈服强度为 2078kN，接头抗滑脱力为 1903.8kN，下套管时钻井液密度为 1.35g/cm^3，水泥面深度为 2500m。试校核该套管是否满足强度要求。

第六章
地下压力理论及预测方法

第一节
地下几种压力的概念

一、静液柱压力

静液柱压力是由液柱自身重力产生的压力，其大小等于液体的密度乘以重力加速度、液柱垂直高度的乘积，即

$$p_h = \rho g H = 0.00981 \rho H \tag{6-1}$$

式中　p_h——静液柱压力，MPa；

　　　ρ——液体密度，g/cm^3；

　　　H——液柱垂直高度，m。

静液柱压力的大小取决于液柱垂直高度 H 和液体密度 ρ。钻井工程中，井越深，静液柱压力越大。

二、上覆地层压力

地层某处的上覆地层压力是指该处以上地层岩石基质和孔隙中流体的总重量（重力）所产生的压力，即

$$p_0 = \frac{岩石骨架重量+流体重量}{面积}$$
$$= 0.00981 H [(1-\phi)\rho_0 + \phi\rho_p] \tag{6-2}$$

式中　p_0——上覆地层压力，MPa；

　　　H——地层垂直深度，m；

　　　ϕ——岩石孔隙度，%；

　　　ρ_0——岩石骨架密度，g/cm^3；

　　　ρ_p——孔隙中流体密度，g/cm^3。

由于沉积压实作用，上覆地层压力随深度增加而增大。沉积岩的平均密度一般为 $2.3g/cm^3$，

沉积岩的上覆地层压力梯度一般为 0.226MPa/m。在实际钻井过程中，以钻台面作为上覆地层压力的基准面。因此，在海上钻井时，从钻台面到海面，海水深度和海底未固结沉积物对上覆地层压力梯度都有影响，实际上覆地层压力梯度值远小于 0.226MPa/m。例如，海上某井上覆地层压力梯度一般小于 0.167MPa/m。

上覆地层压力还可用下式计算：

$$p_0 = 0.00981\bar{\rho}_b H \tag{6-3}$$

式中　ρ_b——沉积层平均体积密度，g/cm^3；

　　　H——沉积层厚度，m。

上覆地层压力梯度一般分层段计算，密度和岩性接近的层段作为一个沉积层，即

$$G_0 = \frac{\sum p_{0i}}{\sum H_i} = \frac{\sum(0.00981\bar{\rho}_{bi} H_i)}{\sum H_i} \tag{6-4}$$

式中　G_0——上覆地层压力梯度，MPa/m；

　　　p_{0i}——第 i 层段的上覆地层压力，MPa/m；

　　　H_i——第 i 层段的厚度，m；

　　　$\bar{\rho}_{bi}$——第 i 层段的平均体积密度，g/cm^3。

式（6-4）计算的是上覆地层压力梯度的平均值。

测得的体积密度越准确，计算出来的上覆地层压力梯度也就越准确。如果有密度测井曲线，就能很容易地计算出每一段岩层的平均体积密度；如果没有密度测井曲线，可借助声波测井曲线计算体积密度，不过，这是迫不得已才使用的方法；还可以使用由岩屑测出的体积密度，但这种方法不太准确，因为岩屑在环空中可能吸水膨胀，使岩石体积密度降低。

在厚岩盐层和高孔隙压力带的一个小范围内，上覆地层压力梯度可能发生反向变化。高孔隙度的泥岩通常是异常高压层，其体积密度非常小。如果异常高压层足够厚，就可能使总的平均体积密度降低。实际上，这些低密度带很薄，所以上覆地层压力梯度的反向变化一般很小，而且发生在很小的范围内。因而异常高压层的上覆地层压力仍然增加，但增加的速率减慢。

三、地层压力

地层压力是指岩石孔隙中流体的压力，又称地层孔隙压力，用 p_p 表示。在各种沉积物中，正常地层压力等于从地表到地下某处连续地层水的静液柱压力，其值的大小与沉积环境有关，取决于孔隙内流体的密度。若地层水为淡水，则正常地层压力梯度 G_p 为 0.00981MPa/m；若地层水为盐水，则正常地层压力梯度随含盐量的不同而变化（表6-1）。石油钻井中遇到的地层水多数为盐水。

表6-1　不同矿化度地层水的正常地层压力梯度

地层流体	氯离子浓度,mg/L	NaCl 浓度,mg/L	正常地层压力梯度,MPa/m	当量钻井液密度,g/cm³
淡水	0	0	0.00981	1.0
微咸水	6098	10062	0.00989	1.003
	12287	20273	0.0099	1.010
	24921	41120	0.01004	1.024

续表

地层流体	氯离子浓度,mg/L	NaCl 浓度,mg/L	正常地层压力梯度,MPa/m	当量钻井液密度,g/cm³
海水	33000	54450	0.01012	1.033
盐水	37912	62554	0.01019	1.040
	51296	84638	0.01033	1.054
	64987	107228	0.01049	1.070
典型海水	65287	107709	0.01050	1.072
	79065	130457	0.01062	1.084
	93507	154286	0.01078	1.100
	108373	178815	0.01095	1.117
	123604	203946	0.01107	1.130
	139320	229878	0.01124	1.147
	155440	256476	0.01140	1.163
	171905	283473	0.01154	1.178
	188895	311676	0.01171	1.195
饱和盐水	191600	316640	0.01173	1.197

在钻井实践中,常常会遇到实际的地层压力梯度大于或小于正常地层压力梯度的现象,即压力异常现象。超过正常地层压力的地层压力($p_p > p_h$)称为异常高压;低于正常地层压力的地层压力($p_p < p_h$)称为异常低压。

四、骨架应力

骨架应力是由岩石颗粒之间相互接触来支撑的那部分上覆地层压力(又称有效上覆地层压力或颗粒压力),这部分压力是不被孔隙水所承担的。骨架应力可用下式计算:

$$\sigma = p_0 - p_p \tag{6-5}$$

式中 σ——骨架应力,MPa;

p_0——上覆地层压力,MPa;

p_p——地层压力,MPa。

上覆地层的重力是由岩石基质(骨架)和岩石孔隙中的流体共同承担的。当骨架应力降低时,孔隙压力就增大;当孔隙压力等于上覆地层压力时,骨架应力等于零,而骨架应力等于零时可能会产生重力滑移。骨架应力是造成地层沉积压实的动力,因此只要异常高压带中的基岩应力存在,压实过程就会进行,即使速率很慢。上覆地层压力、地层压力和骨架应力之间的关系如图6-1所示。

五、地层压力的表示方法

(1)用压力的具体数值表示压力,如10MPa、20MPa等。

(2)用地层压力梯度表示地层压力。说到某点的压力,可直接说该点的压力梯度。对

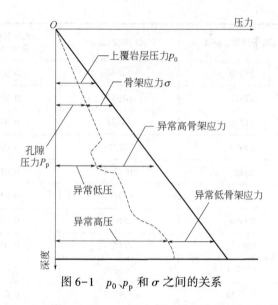

图 6-1 p_0、p_p 和 σ 之间的关系

于某地区来说，由于地层水密度是一定的，所以此地区正常地层压力梯度是一个固定不变的值。正常压力梯度能够较直观地表示某地区的正常地层压力。

（3）用流体当量密度表示地层压力。地层压力梯度消除了地层深度的影响，如果同时消除地层深度和重力加速度的影响，那么地层压力便可直接用流体当量密度来表示。这个密度通常称为压井液的当量密度。

因为

$$\rho_0 = \frac{p}{gH}$$

又因为

$$p = \rho gH$$

所以

$$\rho_0 = \frac{\rho gH}{gH} = \rho$$

式中 ρ_0——压井液的当量密度，g/cm^3。

由上式可知，正常压井液的当量密度的数值等于形成地层压力的地层水密度。由此，只要知道某地区的地层水密度，就能够得到正常压井液的当量密度，钻井人员便可据此采用相应的钻井液密度实现平衡钻井。因此，用流体当量密度表示地层压力的大小比用地层压力梯度更为直观。

（4）用地层压力系数表示地层压力。当用地层流体当量密度表示地层压力时，人们在叙述时要说某地区正常地层压力为 $1.07g/cm^3$，为了叙述方便起见，往往把单位去掉，而说该地层压力为 1.07，这就是地层压力系数。

地层压力系数指某地层深度的地层压力与该深度处的静水柱压力之比。地层压力系数无单位，其数值等于平衡该地层压力所需钻井液密度的数值。

在钻井作业现场说到地层压力的大小时，上述四种表示方法都可能用到，虽然表示某一点的压力有不同的方法，但说的是同一个压力。

第二节
地层压力预测方法

地层压力预（检）测方法都是基于压实理论、均衡理论及有效应力理论。预测方法有钻速法、地球物理方法（地震波）、测井法（声波时差法）。应用某一种方法很难准确评价一个地区或区块的地层压力，往往需要采用多种方法进行综合分析和解释。地层压力评价方法可分为两类：一类是利用地震资料或已钻井资料进行预测，建立单井或区块地层压力剖面，用于钻井工程设计、施工；另一类是钻井过程中的地层压力监测，掌握地层压力的实际变化，确定现行钻井措施及溢流监控。下面主要讲述 *dc* 指数法、声波时差法、地震波法。

一、*dc* 指数法

dc 指数法是利用泥页岩压实规律和压差理论对机械钻速的影响规律来预（检）测地层压力的一种方法。

1. *d*(*dc*) 指数预（检）测原理

机械钻速是钻压、转速、钻头类型及尺寸、水力参数、钻井液性能、地层岩性等因素的函数。当其他因素一定时，只考虑压差对钻速的影响，则机械钻速随压差减小而增加。

在正常地层压力下，如岩性和钻井条件不变，机械钻速随井深的增加而下降。当钻入压力过渡带之后，由于压差减小，岩石孔隙度增大，机械钻速转而加快。*d* 指数正是利用这种差异预报异常高压。*d* 指数是基于宾汉方程建立的。宾汉在不考虑水力因素的影响下建立了钻速方程：

$$v = KN^e \left(\frac{p}{D_b} \right)^d \tag{6-6}$$

式中　*v*——机械钻速；

$\quad\quad$ *K*——岩石可钻性系数；

$\quad\quad$ *N*——转速；

$\quad\quad$ *e*——转速指数；

$\quad\quad$ *p*——钻压；

$\quad\quad$ D_b——钻头尺寸；

$\quad\quad$ *d*——钻压指数。

根据室内及油田钻井试验，发现软岩石的钻压指数接近 1。假设钻井条件（水力因素和钻头类型）和岩性不变（同层位均质泥页岩），则 *K* 为常数。取 *K*=1，方程两边取对数，且采用法定计量单位，即 *v* 取 $\frac{\text{m}}{\text{h}}$，*N* 取 $\frac{\text{r}}{\text{min}}$，*p* 取 kN，$D_b$ 取 mm，*d* 无量纲，则式(6-6) 变为

$$d = \frac{\lg \dfrac{0.0547v}{N}}{\lg \dfrac{0.0684p}{D_b}} \tag{6-7}$$

根据油田选用参数范围，式（6-7）中，$\dfrac{0.0547v}{N} < 1$，$\dfrac{0.0684p}{D_b} < 1$，因此式（6-7）中分

子、分母均为负数。分析可知：$\lg \dfrac{0.0547v}{N}$ 的绝对值与机械钻速 v 成反比，因此 d 指数与机械钻速 v 也成反比，进而 d 指数与压差大小有关，即正常压力情况下，机械钻速随井深增加而减小，d 指数随井深增加而增加。当钻入压力过渡带和异常高压带地层时，实际 d 指数较正常值偏小，如图 6-2 所示。d 指数正是基于这一原则来检测地层压力的。

由于当钻入压力过渡带时一般要提高钻井液密度，因而引起钻井液密度变化，进而影响 d 指数的正常变化规律。为了消除钻井液密度变化影响，Rehm 和 Meclendon 在 1971 年提出了修正的 d 指数法，即 dc 指数法，计算公式为

$$dc = d\,\frac{\rho_{mN}}{\rho_{mR}} \tag{6-8}$$

式中　dc——修正的 d 指数；

　　　ρ_{mN}——正常地层压力当量密度，g/cm^3；

　　　ρ_{mR}——实际钻井液密度，g/cm^3。

2. dc 指数检测地层压力步骤

（1）按一定深度取点，一般 1.5~3m 取一点，如果钻速高可 5~10m 取一点，重点井段 1m 取一点，同时记录每点的钻速、钻压、转速、地层水和钻井液密度。

（2）计算 d 和 dc 指数。

（3）在半对数坐标上作出 dc 指数和相应井深所确定的点（纵坐标为井深 H，对数坐标为 dc 指数）。

（4）作正常趋势线，如图 6-3 所示。

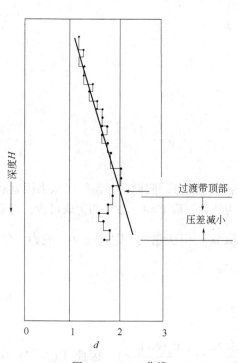

图 6-2　d—H 曲线

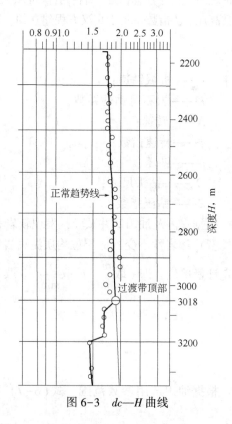

图 6-3　dc—H 曲线

（5）计算地层压力 p_p。

作出 $dc-H$ 图和正常趋势线后，可直接观察到异常高压出现的层位和该层段 dc 指数的偏离值。dc 指数偏离正常趋势线越远，说明地层压力越高。根据 dc 指数偏离值计算地层压力的方法有 A. M. 诺玛纳法、等效深度法、伊顿法、康布法等。下面介绍 A. M. 诺玛纳法和等效深度法。

① A. M. 诺玛纳法：

$$\rho_p = \frac{dc_N}{dc_R}\rho_n \tag{6-9}$$

式中　ρ_p——所求井深地层压力当量密度，g/cm^3；

　　　ρ_n——所求井深正常地层压力当量密度，g/cm^3；

　　　dc_N——所求井深的正常 dc 指数；

　　　dc_R——所求井深实际 dc 指数。

② 等效深度法。

由于 dc 指数反映了泥页岩的压实程度，若地层具有相等的 dc 指数，则可视其骨架应力相等。由于上覆地层压力总是等于骨架应力 σ 和地层压力 p_p 之和，所以利用 dc 指数相等、骨架应力相等原理，通过找出异常地层压力下井深 H 的 dc 指数值与正常地层压力下 dc 指数值相等的井深 H_e，求出异常高压地层的地层压力：

$$p_p = HG_0 - H_e(G_0 - G_n) \tag{6-10}$$

式中　p_p——所求深度的地层压力，MPa；

　　　H——所求地层压力点的深度，m；

　　　G_0——上覆地层压力梯度，MPa/m；

　　　G_n——等效深度处的正常地层压力梯度，MPa/m；

　　　H_e——等效深度，m。

二、声波时差法

声波时差法是利用声波测井曲线监测地层压力的方法，也是对已钻井地区进行单井或区域进行地层压力预测、建立单井或区域地层压力剖面的一种常用而有效的方法。

1. 声波时差法预测原理

声波在地层中的传播速度与岩石的密度、结构、孔隙度及埋藏深度有关。不同的地层、不同的岩性，有不同的声波速度。当岩性一定时，声波的速度随岩石孔隙度的增大而减小。对于沉积压实作用形成的泥岩、页岩，声波时差与孔隙度之间的关系满足怀利（Wyllie）时间平均方程，即

$$\phi = \frac{\Delta t - \Delta t_m}{\Delta t_f - \Delta t_m} \tag{6-11}$$

式中　ϕ——岩石孔隙度，%；

　　　Δt——地层的声波时差，$\mu s/m$；

　　　Δt_m——骨架的声波时差，$\mu s/m$；

　　　Δt_f——地层孔隙流体的声波时差，$\mu s/m$。

基岩和地层流体的声波时差可在实验室测取。当岩性和地层流体性质一定时，Δt_m 和

Δt_f 为常量。在正常沉积条件下，泥页岩的孔隙度随深度的变化满足方程：

$$\phi = \phi_0 e^{-CH} \tag{6-12}$$

式中　ϕ_0——泥页岩在地面的孔隙度；

　　　C——压实系数，m^{-1}；

　　　H——井深，m。

由式(6-11)，地面孔隙度内为

$$\phi = \frac{\Delta t_0 - \Delta t_m}{\Delta t_f - \Delta t_m} \tag{6-13}$$

式中　Δt_0——起始声波时差，即深度为零时的声波时差，在一定区域，Δt_0 可近似看成常数。

由式(6-11)、式(6-12) 和式(6-13)，当泥页岩的岩性一定时，Δt_m 也为常数。

若 $\Delta t_m = 0$，则

$$\Delta t = \Delta t_0 e^{-CH} \tag{6-14}$$

在半对数坐标系中（H 为纵坐标，Δt 为对数坐标），即声波时差的对数与井深呈线性关系。在正常地层压力井段，随着井深增加，岩石孔隙度减小，声波速度增大，声波时差减小。当进入压力过渡带和异常高压带地层后，岩石孔隙度增大，声波速度减小，声波时差增大，偏离正常压力趋势线，因此可利用这一特点监测地层压力。

2. 声波时差监测地层压力的步骤

（1）在标准声波时差测井资料上选择泥质含量大于80%的泥页岩层段，以 5m 为间隔读出井深相应的声波时差值，并在半对数坐标上描点。

（2）建立正常压实趋势线及正常压实趋势线方程。

（3）将测井曲线上的声波时差值代入趋势线方程，求出等效深度 H_e。

（4）根据式(6-10) 计算地层压力 p_p。

三、地震波法

地震波法是地球物理中应用最为广泛的一种方法。地震波法预测地层压力是根据在不同岩性、不同压实程度情况下地震波速度传播的差异来预测地层压力的方法，即正常压实条件下，随着深度的增加，地震波速逐渐增大；在异常压力层，则随着深度增加，地震波速反而减小。用地震波法预测地层压力的计算方法主要有等效深度法、Fillipone 法、R 比值法。其中，Fillipone 法不需要建立正常压力趋势线就可直接计算地层压力。当然，无论采用哪种方法，预测值的精度主要取决于层速度采集的精度。关于地震波法预测地层压力的方法，读者可参考其他专著或教材。

第三节

地层破裂压力预测方法

在井下一定深度出露的地层，承受液体压力的能力是有限的。当液体压力达到某一数值

时会使地层破裂，这个液体压力称为地层破裂压力。从 20 世纪 40 年代起，人们就开始利用水力压裂地层来作为油井的增产措施。但对钻井工程而言，并不希望地层破裂，因为这样容易引起井漏，造成一系列的井下复杂事故，所以了解地层的破裂压力对合理的油井设计和钻井施工十分重要。

为准确地掌握地层破裂压力，国内外学者提出了不同的计算地层破裂压力方法和模型，如马修斯—凯利（Mathews-Kelly）法、哈伯特—威利斯（Hubbert-Willis）法、伊顿（Eaton）法、Anderson 模型、Stephen 模型及黄荣樽教授提出的预测模型。这些方法和模型都有其局限性，有待进一步完善。下面介绍几种常见的预测模型和液压试验法，其他方法请查相关文献。

一、地层破裂压力梯度的预测方法

1. 哈伯特—威利斯法

在对岩石水力压裂机理的理论和实验检查中，哈伯特和威利斯推论，地下应力的一般状态是以三维不均匀主应力为特征的，而水力注入压力（即破裂传播压力）必大约等于最小主应力。他们还认为，在正断层作用的地质区域，最大应力应是大致垂直的且等于上覆岩层的有效压力，而最小应力应是水平的且大多数大概在上覆岩层有效压力的 1/3 ~ 1/2 之间，即

$$\sigma_h = \left(\frac{1}{3} \sim \frac{1}{2}\right)\sigma \text{ 或} \sigma_h = \left(\frac{1}{3} \sim \frac{1}{2}\right)(p_0 - p_p) \tag{6-15}$$

根据哈伯特—威利斯法，有

$$p_0 = p_p + \sigma \text{ 或 } \sigma = p_0 - p_p \tag{6-16}$$

注入压力或破裂传播压力需克服地层压力 p_p 和水平基岩应力 σ_h，即

$$p_0 = p_p + \sigma_h \tag{6-17}$$

如代入正常地层压力梯度 10.5kPa/m 和上覆岩层压力梯度 22.7kPa/m，可求得地层破裂压力梯度的范围为

$$G_{fmin} = \frac{1}{3}\left(\frac{p_0}{H} + \frac{2p}{H}\right) = 14.5(\text{kPa/m}) \tag{6-18}$$

$$G_{fmax} = \frac{1}{2}\left(\frac{p_0}{H} + \frac{2p}{H}\right) = 16.6(\text{kPa/m}) \tag{6-19}$$

由此可见，地层破裂压力梯度取决于上覆岩层压力梯度、地层压力梯度以及岩层基岩应力。由式(6-18) 和式(6-19) 可见，对于所有正常压力的地层，地层破裂压力梯度随井深而保持不变，在 14.5~16.6kPa/m 之间。

对于异常压力的地层，可以将数据代入式中计算地层破裂压力梯度，也可以采用图 6-4 迅速求出地层破裂压力梯度，方法如下：

(1) 利用钻井资料、邻井资料等确定平衡地层压力所需的钻井液密度；

(2) 在纵坐标查到该钻井液密度，作水平线与地层压力最小破裂压力梯度线相交；

(3) 由交点作垂直线与地层破裂压力梯度线相交；

(4) 在纵坐标上读出相应的地层破裂压力梯度及钻井液密度。

从图上可以注意到，随着地层压力梯度的增加，地层破裂压力梯度上下限之间的差值减

少。因此，随着地层压力梯度的升高，由起下钻、启动泵等产生的激动压力变得越来越重要。

2. 马修斯—凯利法

马修斯—凯利法与哈伯特—威利斯法的不同之处在于引入了变数基岩应力系数 K_i（即可变的水平与垂直应力比 $K_i = \dfrac{\sigma_H}{\sigma}$）：

$$G_f = \frac{p_p}{H} + K_i \frac{\sigma}{H} \tag{6-20}$$

式中 G_f——井深 H 处的地层破裂压力梯度，kPa/m；

   p_p——井深 H 处的地层压力，kPa；

   H——井深，m；

   σ——井深 H 处的基岩应力，kPa；

   K_i——σ 值为正常基岩应力的井深 H_i 处的基岩应力系数。

重要的变数 K_i 值是将压裂初始压力（破裂压力）的经验数据代入式（6-20）得到的。如图 6-5 所示，基岩应力系数是井深的一个函数且与岩性有关。通常泥质较多的砂层比一般砂层的基岩应力系数要高。

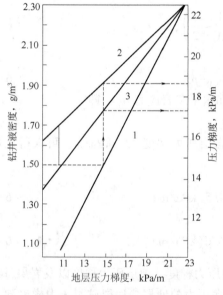

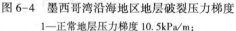

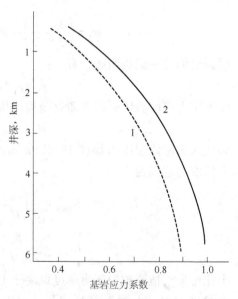

图 6-4　墨西哥湾沿海地区地层破裂压力梯度　　　图 6-5　墨西哥湾沿海地区基岩应力系数
　　1—正常地层压力梯度 10.5kPa/m；　　　　　　　　　　井深的关系
　　2—最大破裂压力梯度 16.6kPa/m；　　　　　　1—路易斯安那近海砂层；
　　3—最小破裂压力梯度 14.5kPa/m　　　　　　　2—得克萨斯南部砂层，泥岩较多

在正常压力的地层，如 $G_0 = 22.7\text{kPa/m}$，$G_p = 10.5\text{kPa/m}$，地层破裂压力梯度表达式简化为

$$G_f = 10.5 + 12.2K_i \tag{6-21}$$

式（6-21）中 K_i 的值是井深 H 处的基岩应力系数值。

用马修斯—凯利法计算地层破裂压力梯度的步骤如下：

（1）根据钻井记录和邻井资料等确定地层压力。

（2）计算有效应力 σ 值，假定不变的上覆岩层压力梯度为 22.7kPa/m，则

$$\sigma = \left(22.7 - \frac{p_p}{H}\right) H_i \tag{6-22}$$

（3）确定井深 H_i，该处 σ 为正常值：

$$\sigma = (22.7 - 10.5) H_i$$

$$H_i = \frac{\sigma}{12.2} \tag{6-23}$$

（4）由图 6-5 确定 K_i 值。

（5）由式（6-21）计算地层破裂压力梯度。

3. 伊顿法

伊顿假设地层是弹性体，用胡克定律中的泊松比 μ 将水平应力 σ_h 与垂直应力 σ 联系起来：

$$\sigma_h = \frac{\mu\sigma}{1-\mu} \tag{6-24}$$

然后伊顿把泊松比引入地层破裂压力梯度表达式中，从而扩充了早先由马修斯和凯利提出的概念：

$$G_f = \frac{p_0}{H} + \frac{\mu}{1+\mu} \frac{\sigma}{H} \tag{6-25}$$

式中 σ——基岩应力，$\sigma = p_0 - p_p$。

基本上假设所有独立变数（如上覆岩层压力、岩石的泊松比）都是井深的函数，则地层破裂压力梯度随井深而变化。

一般讲，给定深度 H 处的上覆岩层压力等于该深度以上岩石的累积重力，即

$$p_0 = 9.81 \int_0^H \rho_r(h) \, dh \tag{6-26}$$

式中 $\rho_r(h)$——包括流体在内的地层的计算密度，是深度 h 的函数。

伊顿的地层破裂压力梯度预报方法适用于连续沉积盆地，是比较准确的。但伊顿法没有考虑井壁应力集中和地质构造应力的影响，因此使用受到限制。

可以看到，对于哈伯特—威利斯和伊顿的方法，如果都假设 $\mu = 0.25$，那么方程（6-25）就成为方程（6-18）。

用上述计算方法虽然能求得地层破裂压力梯度，但是与实际的地层破裂压力梯度值之间还有一定误差。要求得实际的地层破裂压力梯度，最好还是进行液压试验，这是最准确的方法。

二、液压试验检测地层破裂压力

所用检测计算地层破裂压力的方法都有一定局限性，计算值与实际值都有一定误差，而液压试验是一种准确有效获取地层破裂压力的方法，并且由液压试验取得的数据还可提供一个区域或区块的地质构造应力值。

液压试验也称漏失试验，是在下完一层套管并注完水泥后，再钻穿水泥塞，钻开套管鞋

下面第一个砂岩层之后进行的。美国已形成法令，规定每口井每下一层套管必须进行液压试验，以获得准确的地层破裂压力梯度原始资料，作为钻井设计的依据。液压试验的目的通常

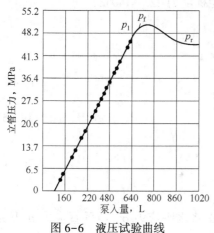

图6-6　液压试验曲线

是检查注水泥作业和实测地层破裂压力。液压试验时地层的破裂易发生在套管鞋处，这是因为套管鞋处地层压实程度比其下部地层的压实程度差。

液压试验的步骤如下：

（1）循环调节钻井液性能，保证钻井液性能稳定，上提钻头至套管鞋内，关闭防喷器。

（2）用较小排量（0.66~1.32L/s）向井内泵入钻井液，并记录各个时间的泵入量及立管压力。

（3）作立管压力与泵入量（累积）的关系曲线图，如图6-6所示。

（4）从图6-6中确定各个压力值。漏失压力 p_1 即开始偏离直线点的压力，其后压力继续上升；压力上升到最大值，即为断裂压力 p_f；最大值过后，压力下降并趋于平缓，平缓的压力称为传播压力。

（5）求破裂压力当量钻井液密度 ρ_{max}：

$$\rho_{max} = \rho_m + \frac{p_1}{0.00981H} \tag{6-27}$$

式中　ρ_m——试验用钻井液密度，g/cm^3；

　　　p_1——漏失压力，MPa；

　　　H——裸眼段中点井深，m。

（6）求破裂压力梯度 G_f：

$$G_f = 0.00981\rho_m + \frac{p_1}{H} \tag{6-28}$$

有时钻进几天后再进行液压试验时可能出现试压值升高的现象，这可能是由岩屑堵塞岩石孔隙通道所致。

试验所需的钻井液量决定于裸眼长度。如果裸眼只有几米，则需要几百升钻井液；若裸眼较长，则需要几立方米的钻井液。

试验压力不应超过地面设备和套管的承载能力，否则可提高试验用钻井液密度。

在有些液压试验中，试验曲线不呈直线，出现几个台阶，这样不易判断真实的漏失点。如果发现台阶的压力低于预期的压力，则应继续试压，直至达到破裂压力。因此，如超过台阶后压力继续上升，说明这个台阶处并不是真实的漏失点。出现台阶的原因可能是天然气或空气进入环空或钻井液漏失。

当裸眼很长时，应该注意到，在同一试验压力下，裸眼最深部分的试验压力梯度远小于套管鞋处的试验压力梯度。因此，不能保证裸眼最深部位一定能够承受得住套管鞋处所能承受的最大钻井液密度。

液压试验适用于砂泥岩为主的地层。石灰岩、白云岩等硬地层的液压试验尚待研究。

思考题

1. 压力、压力梯度和压力当量密度的概念是什么？

2. 简述地下各种压力的基本概念及上覆岩层压力、地层孔隙压力和地应力三者之间的关系。

3. 在钻井中，确定钻井液密度的主要依据是什么？其重要意义是什么？

4. 简述在正常压实的地层中岩石的密度、强度、孔隙度、声波时差和 dc 指数随井深变化的规律。

5. 解释地层破裂压力的概念。怎样根据液压试验曲线确定地层破裂压力？

6. 某井井深 2000m，地层压力为 25MPa，求地层压力当量密度。

7. 某井垂深为 2500m，井内钻井液密度为 1.18g/cm³。若地层压力为 27.5MPa，求井底压差。

8. 某井井深 3200m，产层压力为 23.1MPa，求产层的地层压力梯度。

9. 已知井深 1500m，钻井液密度为 1.4g/cm³。环空流动阻力为 6kgf/cm²，地层压力为 21.2MPa，求静止时井底压力、循环时井底压力。循环时会井涌吗？停泵时会井涌吗？

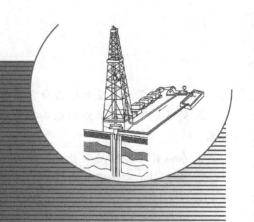

第七章

井壁稳定

井眼的形成打破了原地应力的平衡状态，应力在井壁周围岩石重新分布，引起应力集中。当井内钻井液压力较低时，井壁周围岩石所受应力超过岩石本身的强度便产生剪切破坏，造成井壁坍塌。此时，对于脆性地层，井眼会向内坍塌掉块，井径扩大；对于延性地层，则产生塑性变形，造成缩径。而当井内的钻井液压力过高时，井壁周围的岩石将被压裂，使原有的裂纹张开延伸或形成新的裂纹系统，此时的钻井液液柱压力被称为地层的破裂压力。地层破裂压力的大小与地应力大小、地层强度、孔隙与微裂纹的发育程度密切相关。本章通过分析水化前后井壁围岩应力分布，确定水化对泥页岩井壁围岩应力分布的影响，研究泥页岩井壁岩石在弹性和塑性状态下的力学特征。

第一节

井壁围岩应力分布

一、垂直井井壁围岩应力分布

如图 7-1 所示，在无限大平面上，一圆孔受到均匀的内压，同时在这个平面的无限远处受到两个水平地应力的作用，其垂直方向上受上覆压力的作用。考虑岩石为小变形弹性体，则线性叠加原理是适用的。因此，井壁围岩总的应力状态可通过先研究各应力分量

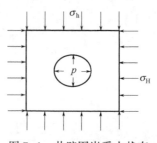

图 7-1　井壁围岩受力状态

对井壁围岩的应力贡献，然后进行叠加的方法来获得。假设地层是均匀各向同性、线弹性多孔材料，并认为井壁周围的岩石处于平面应变状态[33]。将井壁受力的力学模型分解为如图7-2所示。

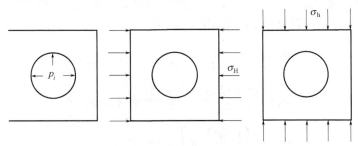

图7-2 井壁围岩受力状态分解

分解的应力模型在柱坐标系中的各应力表达式[2] 如下。

由钻井液液柱压力 p_i 引起的应力为

$$\left.\begin{array}{c} \sigma_r = \dfrac{R^2}{r^2}p_i \\[3mm] \sigma_\theta = -\dfrac{R^2}{r^2}p_i \end{array}\right\} \tag{7-1}$$

式中　σ_r——径向应力；

　　　σ_θ——切向应力；

　　　r——井眼半径；

　　　R——最大井眼半径。

由水平最大地应力 σ_H 所引起的井周应力分布为

$$\left.\begin{array}{l} \sigma_r = \dfrac{\sigma_H}{2}\left(1-\dfrac{R^2}{r^2}\right)+\dfrac{\sigma_H}{2}\left(1+\dfrac{3R^4}{r^4}-\dfrac{4R^2}{r^2}\right)\cos2\theta \\[3mm] \sigma_\theta = \dfrac{\sigma_H}{2}\left(1+\dfrac{R^2}{r^2}\right)-\dfrac{\sigma_H}{2}\left(1+\dfrac{3R^4}{r^4}\right)\cos2\theta \\[3mm] \sigma_{r\theta} = \dfrac{\sigma_H}{2}\left(1-\dfrac{3R^4}{r^4}+\dfrac{2R^2}{r^2}\right)\sin2\theta \end{array}\right\} \tag{7-2}$$

式中　$\sigma_{r\theta}$——剪应力。

由水平最小地应力 σ_h 所引起的井周应力分布为

$$\left.\begin{array}{l} \sigma_r = \dfrac{\sigma_h}{2}\left(1-\dfrac{R^2}{r^2}\right)-\dfrac{\sigma_h}{2}\left(1+\dfrac{3R^4}{r^4}-\dfrac{4R^2}{r^2}\right)\cos2\theta \\[3mm] \sigma_\theta = \dfrac{\sigma_h}{2}\left(1+\dfrac{R^2}{r^2}\right)+\dfrac{\sigma_h}{2}\left(1+\dfrac{3R^4}{r^4}\right)\cos2\theta \\[3mm] \sigma_{r\theta} = \dfrac{\sigma_h}{2}\left(1-\dfrac{3R^4}{r^4}+\dfrac{2R^2}{r^2}\right)\sin2\theta \end{array}\right\} \tag{7-3}$$

由上覆岩层压力 σ_v 引起的井周应力分布为

$$\sigma_z = \sigma_v - \mu \left[2(\sigma_H - \sigma_h) \frac{R^2}{r^2} \cos 2\theta \right] \tag{7-4}$$

当井内流体压力增大或钻井液造壁性能不佳时，一部分钻井液滤液将渗入井壁周围地层[3]。将井壁围岩视为多孔介质，其中的流体流动满足达西定律，则钻井液滤液在地层孔隙中的径向渗流于井壁围岩所产生的附加应力场为

$$\left.\begin{aligned}
\sigma_r &= \left[\frac{\alpha(1-2\mu)}{2(1-\mu)} \frac{(r^2-R^2)}{r^2} - \phi \right](p_i - p_p) \\
\sigma_\theta &= \left[\frac{\alpha(1-2\mu)}{2(1-\mu)} \frac{(r^2+R^2)}{r^2} - \phi \right](p_i - p_p) \\
\sigma_z &= \left[\frac{\alpha(1-2\mu)}{2(1-\mu)} - \phi \right](p_i - p_p)
\end{aligned}\right\} \tag{7-5}$$

式中　μ——泊松比；

　　　ϕ——孔隙度；

　　　α——有效应力系数；

　　　p_p——原始地层孔隙压力。

在钻井液液柱压力和地应力的联合作用下，井壁周围地层的应力分布可由各解叠加得

$$\left.\begin{aligned}
\sigma_r &= \frac{R^2}{r^2} p_i + \frac{\sigma_H + \sigma_h}{2}\left(1 - \frac{R^2}{r^2}\right) + \frac{\sigma_H - \sigma_h}{2}\left(1 + \frac{3R^4}{r^4} - \frac{4R^2}{r^2}\right)\cos 2\theta \\
&\quad + \delta\left[\frac{\alpha(1-2\mu)}{2(1-\mu)}\left(1 - \frac{R^2}{r^2}\right) - \phi\right](p_i - p_p) \\
\sigma_\theta &= \frac{R^2}{r^2} p_i + \frac{\sigma_H + \sigma_h}{2}\left(1 + \frac{R^2}{r^2}\right) - \frac{\sigma_H - \sigma_h}{2}\left(1 + \frac{3R^4}{r^4}\right)\cos 2\theta \\
&\quad + \delta\left[\frac{\alpha(1-2\mu)}{2(1-\mu)}\left(1 + \frac{R^2}{r^2}\right) - \phi\right](p_i - p_p) \\
\sigma_{r\theta} &= -\frac{\sigma_H - \sigma_h}{2}\left(1 - \frac{3R^4}{r^4} + \frac{2R^2}{r^2}\right)\sin 2\theta \\
\sigma_z &= \sigma_v - \mu\left[2(\sigma_H - \sigma_h)\left(\frac{R}{r}\right)^2 \cos 2\theta + \delta\left[\frac{\alpha(1-2\mu)}{1-\mu} - \phi\right](p_i - p_p)\right]
\end{aligned}\right\} \tag{7-6}$$

式中，当井壁可渗透时，$\delta = 1$；当井壁不可渗透时，$\delta = 0$。

当 $r = R$ 时，$\tau_{r\theta} = 0$，井壁表面上的径向、切向和垂向的应力分别为

$$\left.\begin{aligned}
\sigma_r &= p_i - \delta\phi(p_i - p_p) \\
\sigma_\theta &= -p_i + (1 - 2\cos 2\theta)\sigma_H + (1 + 2\cos 2\theta)\sigma_h + \delta\left[\frac{\alpha(1-2\mu)}{1-\mu} - \phi\right](p_i - p_p) \\
\sigma_z &= \sigma_v - \mu\left[2(\sigma_H - \sigma_h)\cos 2\theta + \delta\left[\frac{\alpha(1-2\mu)}{1-\mu} - \phi\right](p_i - p_p)\right]
\end{aligned}\right\} \tag{7-7}$$

二、斜井井壁围岩应力分布

令 σ_v 为上覆岩层压力，σ_H 和 σ_h 为水平向的两个主地应力。选取坐标系（1，2，3）分别与主地应力 σ_H、σ_h、σ_v 方向一致，如图7-3所示。为了方便起见，建立直角坐标系

$(x，y，z)$ 和柱坐标系 $(r，\theta，z)$，其中 Oz 轴对应于井轴，Ox 和 Oy 位于与井轴垂直的平面之中[4]。

为了建立 $(x，y，z)$ 坐标与 $(1，2，3)$ 坐标之间的转换关系，将 $(1，2，3)$ 坐标按以下方式旋转：先将坐标 $(1，2，3)$ 以 3 为轴，按右手定则旋转角 β，变为 $(x_1，y_1，z_1)$ 坐标；再将坐标 $(x_1，y_1，z_1)$ 以 y_1 为轴，按右手定则旋转角 α，变为 $(x，y，z)$ 坐标。其中 β 为井斜方位与水平最大地应力方位的夹角，α 为井斜角，如图 7-3 所示。

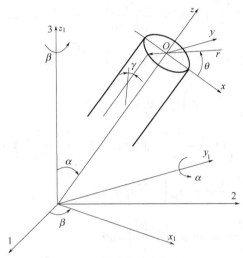

图 7-3 斜井井轴坐标变换

主地应力坐标系 $(1，2，3)$ 按图 7-3 旋转到坐标系 $(x，y，z)$，并得到如下应力转换关系：

$$\begin{bmatrix} \sigma_{xx} & \sigma_{xy} & \sigma_{xz} \\ \sigma_{yx} & \sigma_{yy} & \sigma_{yz} \\ \sigma_{zx} & \sigma_{zy} & \sigma_{zz} \end{bmatrix} = [L]\begin{bmatrix} \sigma_H & & \\ & \sigma_h & \\ & & \sigma_v \end{bmatrix}[L]^T \qquad (7-8)$$

其中

$$[L] = \begin{bmatrix} \cos\alpha\cos\beta & \cos\alpha\sin\beta & -\sin\alpha \\ -\sin\beta & \cos\beta & 0 \\ -\sin\alpha\cos\beta & \sin\alpha\sin\beta & \cos\alpha \end{bmatrix}$$

则

$$\sigma_{xx} = \sigma_H\cos^2\alpha\cos^2\beta + \sigma_h\cos^2\alpha\sin^2\beta + \sigma_v\sin^2\alpha$$

$$\sigma_{yy} = \sigma_H\sin^2\beta + \sigma_h\cos^2\beta$$

$$\sigma_{zz} = \sigma_H\sin^2\alpha\cos^2\beta + \sigma_h\sin^2\alpha\sin^2\beta + \sigma_v\cos^2\alpha$$

$$\sigma_{xy} = -\sigma_H\cos\alpha\cos\beta\sin\beta + \sigma_h\cos\alpha\cos\beta\sin\beta$$

$$\sigma_{xz} = \sigma_H\cos\alpha\cos\alpha\cos^2\beta + \sigma_h\cos\alpha\sin\alpha\sin^2\beta$$

$$\sigma_{yz} = -\sigma_H\sin\alpha\cos\beta\sin\beta + \sigma_h\sin\alpha\cos\beta\sin\beta$$

上面六个地应力分量分别对井壁围岩所引起的应力分布线性叠加后，得到井周应力分布的表达式为

$$\left.\begin{aligned}
\sigma_r &= \frac{R^2}{r^2}p_i + \frac{\sigma_{xx}+\sigma_{yy}}{2}\left(1-\frac{R^2}{r^2}\right) + \frac{\sigma_{xx}-\sigma_{yy}}{2}\left(1+\frac{3R^4}{r^4}-\frac{4R^2}{r^2}\right)\cos2\theta \\
&\quad +\sigma_{xy}\left(1+\frac{3R^4}{r^4}-\frac{4R^2}{r^2}\right)\sin2\theta + \delta\left[\frac{\alpha(1-2\mu)}{2(1-\mu)}\left(1-\frac{R^2}{r^2}\right)-\phi\right](p_i-p_p) \\
\sigma_\theta &= \frac{R^2}{r^2}p_i + \frac{\sigma_{xx}+\sigma_{yy}}{2}\left(1+\frac{R^2}{r^2}\right) - \frac{\sigma_{xx}-\sigma_{yy}}{2}\left(1+\frac{3R^4}{r^4}\right)\cos2\theta \\
&\quad -\sigma_{xy}\left(1+\frac{3R^4}{r^4}\right)\sin2\theta + \delta\left[\frac{\alpha(1-2\mu)}{2(1-\mu)}\left(1-\frac{R^2}{r^2}\right)-\phi\right](p_i-p_p) \\
\sigma_z &= \sigma_{zz}-\mu\left[2\left(\sigma_{xx}-\sigma_{yy}\frac{R^2}{r^2}\right)\cos2\theta + 4\sigma_{xy}\frac{R^2}{r^2}\sin2\theta\right] \\
&\quad +\delta\left[\frac{\alpha(1-2\mu)}{(1-\mu)}-\phi\right)(p_i-p_p) \\
\sigma_{r\theta} &= \frac{\sigma_{yy}-\sigma_{xx}}{2}\left(1+\frac{3R^4}{r^4}-\frac{4R^2}{r^2}\right)\sin2\theta + \sigma_{xy}\left(1+\frac{3R^4}{r^4}-\frac{4R^2}{r^2}\right)\cos2\theta \\
\sigma_{\theta z} &= \sigma_{yz}\left(1+\frac{R^2}{r^2}\right)\cos\theta - \sigma_{xz}\left(1+\frac{R^2}{r^2}\right)\sin\theta \\
\sigma_{zr} &= \sigma_{xz}\left(1-\frac{R^2}{r^2}\right)\cos\theta + \sigma_{yz}\left(1-\frac{R^2}{r^2}\right)\sin\theta
\end{aligned}\right\} \tag{7-9}$$

井壁上应力分量可表示为

$$\left.\begin{aligned}
\sigma_r &= p_i - \delta\phi(p_i-p_p) \\
\sigma_\theta &= A\sigma_h + B\sigma_H + C\sigma_v + (Q-1)p_i - Qp_p \\
\sigma_z &= D\sigma_h + E\sigma_H + F\sigma_v + Q(p_i-p_p) \\
\sigma_{\theta z} &= G\sigma_h + H\sigma_H + J\sigma_v \\
\sigma_{r\theta} &= 0 \\
\sigma_{rz} &= 0
\end{aligned}\right\} \tag{7-10}$$

其中

$$A = \cos\alpha\left[\cos\alpha(1-2\cos2\theta)\sin^2\beta + 2\sin2\beta\sin2\theta\right] + (1+2\cos2\theta)\cos^2\beta$$

$$B = \cos\alpha\left[\cos\alpha(1-2\cos2\theta)\cos^2\beta - 2\sin2\beta\sin2\theta\right] + (1+2\cos2\theta)\sin^2\beta$$

$$C = (1-2\cos2\theta)\sin^2\alpha$$

$$D = \sin^2\beta\sin^2\alpha + 2\mu\sin2\beta\cos\alpha\sin2\theta + 2\mu\cos2\theta(\cos^2\beta-\sin^2\beta\cos^2\alpha)$$

$$E = \cos^2\beta\sin^2\alpha - 2\mu\sin2\beta\cos\alpha\sin2\theta + 2\mu\cos2\theta(\sin^2\beta-\cos^2\beta\cos^2\alpha)$$

$$F = \cos^2\alpha - 2\mu\sin^2\alpha\cos2\theta$$

$$G = -(\sin2\beta\sin\alpha\cos\theta + \sin^2\beta\sin2\alpha\sin\theta)$$

$$H = \sin2\beta\sin\alpha\cos\theta - \cos^2\beta\sin2\alpha\sin\theta$$

$$J = \sin2\alpha\sin\theta$$

$$Q = \delta\left[\frac{\zeta(1-2\mu)}{1-\mu}-\phi\right]$$

井壁处的主应力可表示为

$$
\left.
\begin{aligned}
\sigma_i &= \sigma_r = p_i - \delta f(p_i - p_p) \\
\sigma_j &= \frac{1}{2}\left[X - 2Qp_p + (2Q-1)p_i\right] + \frac{1}{2}\sqrt{(Y-p_i)^2 + Z} \\
\sigma_k &= \frac{1}{2}\left[X - 2Qp_p + (2Q-1)p_i\right] - \frac{1}{2}\sqrt{(Y-p_i)^2 + Z}
\end{aligned}
\right\}
\tag{7-11}
$$

其中

$$
X = (A+D)\sigma_h + (B+E)\sigma_H + (C+F)\sigma_v
$$

$$
Y = (A-D)\sigma_h + (B-E)\sigma_H + (C-F)\sigma_v
$$

$$
Z = 4(G\sigma_h + H\sigma_H + J\sigma_v)^2
$$

第二节

水化后井壁围岩应力分布

一、水化后井壁围岩应力计算

本节对泥页岩地层的一口直井进行分析，为了方便分析计算，使问题简化，采取以下假设[5]：

（1）地层在垂直方向上性质不相同，在水平方向上性质相同，即横向各向同性。

（2）当泥页岩遇水前，在垂直方向的应变 ε_z 等于零，即处于平面应变状态。

（3）当泥页岩遇水后，由于吸水而产生垂直方向上的应变为 ε_v，水平方向上的应变为 ε_h，ε_v 与 ε_h 不相等，其关系可用 $\varepsilon_h = m\varepsilon_v$ 表示。其中，m 表示各向异性比，且 $0<m<1$，可通过实验来测定。

（4）地层为线弹性材料。

考虑均匀地应力的情况下，根据上面假定，泥页岩吸水发生水化后，其应力—应变关系为[6]

$$
\left.
\begin{aligned}
\varepsilon_r &= \frac{1}{E}\left[\sigma_r - \mu(\sigma_\theta + \sigma_z)\right] + \varepsilon_h \\
\varepsilon_\theta &= \frac{1}{E}\left[\sigma_\theta - \mu(\sigma_r + \sigma_z)\right] + \varepsilon_h \\
\varepsilon_z &= \frac{1}{E}\left[\sigma_z - \mu(\sigma_\theta + \sigma_r)\right] + \varepsilon_v
\end{aligned}
\right\}
\tag{7-12}
$$

式中　ε_r、ε_θ、ε_z——泥页岩井壁围岩的径向应变、切向应变和垂向应变；

E、μ——泥页岩岩石的弹性模量和泊松比，与地层含水量有关；

σ_r、σ_θ、σ_z——井壁围岩中一点的径向应力、切向应力和垂向应力；

ε_v 和 ε_h——泥页岩水化后在垂直方向和水平方向上产生的膨胀应变。

式（7-12）等效转换为

$$\left.\begin{aligned} \sigma_r &= \frac{E}{(1-2\mu)(1+\mu)}\left[(1-\mu)\varepsilon_r+\mu\varepsilon_\theta-(m+\mu)+\varepsilon_v\right] \\ \sigma_\theta &= \frac{E}{(1-2\mu)(1+\mu)}\left[(1-\mu)\varepsilon_\theta+\mu\varepsilon_r-(m+\mu)\varepsilon_v\right] \\ \sigma_z &= \frac{E}{(1-2\mu)(1+\mu)}\left[\mu\varepsilon_r+\mu\varepsilon_\theta-(1-\mu+2m\mu)\varepsilon_v\right] \end{aligned}\right\} \tag{7-13}$$

平衡方程为

$$\frac{\mathrm{d}\sigma_r}{\mathrm{d}r}+\frac{\sigma_r-\sigma_\theta}{r}=0 \tag{7-14}$$

几何方程为

$$\left.\begin{aligned} \varepsilon_r &= \frac{\mathrm{d}u}{\mathrm{d}r} \\ \varepsilon_\theta &= \frac{u}{r} \end{aligned}\right\} \tag{7-15}$$

综合式(7-13)、式(7-14) 和式(7-15) 得

$$\begin{aligned} \frac{\mathrm{d}\sigma_r}{\mathrm{d}r}=\frac{E}{(1-2\mu)(1+\mu)}&\left\{(1-\mu)\frac{\mathrm{d}\varepsilon_r}{\mathrm{d}r}+\mu\frac{\mathrm{d}\varepsilon_\theta}{\mathrm{d}r}\right. \\ &+\left[-\frac{\mathrm{d}\mu}{\mathrm{d}r}+\frac{1-\mu}{E}\frac{\mathrm{d}E}{\mathrm{d}r}+\frac{(1+4\mu)(1-\mu)}{(1-2\mu)(1+\mu)}\frac{\mathrm{d}\mu}{\mathrm{d}r}\right]\varepsilon_r \\ &+\left[\frac{\mathrm{d}\mu}{\mathrm{d}r}+\frac{\mu}{E}\frac{\mathrm{d}E}{\mathrm{d}r}+\frac{(1+4\mu)\mu}{(1-2\mu)(1+\mu)}\frac{\mathrm{d}\mu}{\mathrm{d}r}\right]\varepsilon_\theta \\ &\left.+\left[-\frac{\mathrm{d}\mu}{\mathrm{d}r}-\frac{m+\mu}{E}\frac{\mathrm{d}E}{\mathrm{d}r}-\frac{(1-4\mu)(m+\mu)}{(1-2\mu)(1+\mu)}\frac{\mathrm{d}\mu}{\mathrm{d}r}\right]\varepsilon_v-(m+\mu)\frac{\mathrm{d}\varepsilon_v}{\mathrm{d}r}\right\} \end{aligned} \tag{7-16}$$

经过演算，可得井壁围岩平衡方程

$$r\frac{\mathrm{d}^2\sigma_r}{\mathrm{d}r^2}+\left(3-\frac{r}{E}\frac{\mathrm{d}E}{\mathrm{d}r}+\frac{2\mu r}{\mu^2-1}\frac{\mathrm{d}\mu}{\mathrm{d}r}\right)\frac{\mathrm{d}\sigma_r}{\mathrm{d}r}+\left(\frac{4\mu+1}{\mu^2-1}\frac{\mathrm{d}\mu}{\mathrm{d}r}-\frac{1}{E}\frac{2\mu-1}{\mu-1}\frac{\mathrm{d}E}{\mathrm{d}r}\right)\sigma_r$$

$$=\frac{E(m+\mu)}{\mu^2-1}\frac{\mathrm{d}\varepsilon_v}{\mathrm{d}r}+\frac{E\varepsilon_v}{\mu^2-1}\frac{\mathrm{d}\mu}{\mathrm{d}r} \tag{7-17}$$

其中 $\dfrac{\mathrm{d}E}{\mathrm{d}r}=\dfrac{\mathrm{d}E}{\mathrm{d}w}\dfrac{\mathrm{d}w}{\mathrm{d}r}$，$\dfrac{\mathrm{d}\mu}{\mathrm{d}r}=\dfrac{\mathrm{d}\mu}{\mathrm{d}w}\dfrac{\mathrm{d}w}{\mathrm{d}r}$，可由实验测得。

式(7-17) 可改写为

$$f_1\sigma_r''+f_2\sigma_r'+f_3\sigma_r=f_4 \tag{7-18}$$

其中

$$f_1=r$$

$$f_2=3-\frac{r}{E}\frac{\mathrm{d}E}{\mathrm{d}r}+\frac{2\mu r}{\mu^2-1}\frac{\mathrm{d}\mu}{\mathrm{d}r}$$

$$f_3=\frac{4\mu+1}{\mu^2-1}\frac{\mathrm{d}\mu}{\mathrm{d}r}-\frac{1}{E}\frac{2\mu-1}{\mu-1}\frac{\mathrm{d}E}{\mathrm{d}r}$$

$$f_4=\frac{E(m+\mu)}{\mu^2-1}\frac{\mathrm{d}\varepsilon_v}{\mathrm{d}r}+\frac{E\varepsilon_v}{\mu^2-1}\frac{\mathrm{d}\mu}{\mathrm{d}r}$$

其边界条件如下：

（1）井壁表面上任一点，即 $r=a$，$\sigma_r=p_i$（钻井液液柱压力）；

（2）井壁周围地层无穷远处，$r=\infty$，$\sigma_r=S$（均匀水平地应力）。

采用中心差分法来解方程(7-18)，取步长为 h，则 $r_i=a+ih(i=0,1,\cdots,n-1)$，即

$$\sigma_r''=\frac{(\sigma_r)_{i+1}-2(\sigma_r)_i+(\sigma_r)_{i-1}}{h^2} \tag{7-19}$$

$$\sigma_r'=\frac{(\sigma_r)_{i+1}-(\sigma_r)_{i-1}}{2h} \tag{7-20}$$

将式(7-19)、式(7-20)代入式(7-18)，得

$$(f_1)_i\frac{(\sigma_r)_{i+1}-2(\sigma_r)_i+(\sigma_r)_{i-1}}{h^2}+(f_2)_i\frac{(\sigma_r)_{i+1}-(\sigma_r)_{i-1}}{2h}+(f_3)_i(\sigma_r)_i=(f_4)_i(i=1,2,\cdots,n-2)$$

$$\tag{7-21}$$

结合边界条件，经整理，可得关于 $(\sigma_r)_i$ 的方程组为

$$\left.\begin{array}{l}(\sigma_r)_0=p_i\\(A_1)_i(\sigma_r)_{i-1}+(A_2)_i(\sigma_r)_i+(A_3)_i(\sigma_r)_{i+1}=(A_4)_i\\(\sigma_r)_{n-1}=S\end{array}\right\} \tag{7-22}$$

其中

$$(A_1)_i=(f_1)_i-\frac{h}{2}(f_2)_i$$

$$(A_2)_i=h^2(f_3)_i-2(f_1)_i$$

$$(A_3)_i=(f_1)_i+\frac{h}{2}(f_2)_i$$

$$(A_4)_i=h^2(f_4)_i$$

用矩阵表示为

$$\begin{bmatrix}(A_2)_0&(A_2)_0&&0\\(A_1)_1&(A_2)_1&(A_3)_1\\&\vdots&\vdots&\vdots\\0&(A_1)_{n-2}&(A_2)_{n-2}&(A_3)_{n-2}\\&&(A_1)_{n-1}&(A_2)_{n-1}\end{bmatrix}\begin{bmatrix}(\sigma_r)_0\\(\sigma_r)_1\\\vdots\\(\sigma_r)_{n-2}\\(\sigma_r)_{n-1}\end{bmatrix}=\begin{bmatrix}(A_4)_0\\(A_4)_1\\\vdots\\(A_4)_{n-2}\\(A_4)_{n-1}\end{bmatrix}$$

该式为三对角方程组，可用追赶法求解后得出各节点处的径向应力 σ_r，再由平衡方程(7-14)可求出各节点处的切向应力 σ_θ。

二、泥页岩的水化膨胀应变

有关水化膨胀的实验研究，国内外许多学者都做了大量的工作。但是，所用岩样大都不是实际所取的天然岩心，在整个实验中也没有同时考虑温度和压力两个因素影响。能得到天然岩心的吸水量与其膨胀应变之间变化关系的实验研究并不多见[7]。

Yew 和 Chenevert 利用 Mancos 页岩和清水接触，在常温常压下的实验得出膨胀应变和吸水量之间的关系 $\varepsilon_v=f(w)$ 为[8]

$$\varepsilon_v = K_1 w + K_2 w^2 \tag{7-23}$$

$$\varepsilon_h = m\varepsilon_v \tag{7-24}$$

其中　　　　　　　　$K_1 = 0.00708, K_2 = 11.08, m = 0.71$。

式中　K_1、K_2——膨胀系数，由实验确定。

实验时，应当模拟井下压力和温度环境，采用钻井液循环，才能使水化实验更加符合实际情况，并且要连续测定出天然岩样吸水量的变化以及横向和垂向的膨胀应变曲线，这样得到的计算数据才能接近实际情况。

三、井壁围岩吸水规律

用 q 来表示水吸附的质量流量，作用时间 t 与作用半径 r 的吸附水质量流量百分比可用 $w(r, t)$ 表示，根据质量守恒定律可得出

$$\left(\frac{\partial}{\partial x} + \frac{\partial}{\partial y}\right)q = \frac{\partial w}{\partial t} \tag{7-25}$$

Yew 认为，吸水过程可描述为

$$q = C_f\left(\frac{\partial}{\partial x} + \frac{\partial}{\partial y}\right)w \tag{7-26}$$

式中　C_f——泥页岩的吸水扩散常数。

式(7-26) 描述吸水的过程，采用柱坐标系，利用式(7-25) 和式(7-26)，可以推导出水吸附的基本方程

$$C_f \frac{1}{r}\frac{\partial}{\partial r}\left(r\frac{\partial w}{\partial r}\right) = \frac{\partial w}{\partial t} \tag{7-27}$$

边界条件：在 $r=a$（井眼半径）处，$w=w_a$；当 $r\rightarrow\infty$ 时，$w=w_\infty$（原始地层的含水量）。

在很短的时间内，井壁围岩吸水就会达到饱和。吸水量多少主要取决于钻井液性能，可通过实验确定。泥页岩地层吸水量 w 的大小对井壁稳定性有很大影响，当 w 值越大时，井壁越容易发生坍塌事故；反之，当 w 值越小时，井壁则会越稳定。因此，为了使井壁稳定性更高，就要使 w 的值尽量小。经过推导，得到式(7-27) 的解为

$$w(r,t) = w_\infty + (w_a - w_\infty)\left[1 + \int_0^\infty e^{-C_f\xi^2 t}\frac{J_0(\xi r)Y_0(\xi a) - Y_0(\xi r)J_0(\xi a)}{J_0^2(\xi a) + Y_0^2(\xi a)}\frac{d\xi}{\xi}\right] \tag{7-28}$$

式中　$J_0(\xi a)$——零阶第一类 Bessel 函数；

$Y_0(\xi a)$——零阶第二类 Bessel 函数，通过数值方法可求得。

Yew 提出：由设计的一维实验条件下水吸附实验研究（图7-4），可以确定出吸附扩散系数 C_f（图7-5），由此可将建立的水吸附特征方程表示为

$$C_f \frac{\partial^2 w}{\partial x^2} = \frac{\partial w}{\partial t} \tag{7-29}$$

当 $x=0$ 时，$w=w_a$；当 $x\rightarrow\infty$ 时，$w=w_\infty$。

经推导式(7-29) 的解为

$$w(x) = w_\infty + (w_\infty - w_a)\,\text{erfc}\left(\frac{x}{2\sqrt{C_f t}}\right) \tag{7-30}$$

式中　erfc( )——误差补偿函数。

画出式(7-30) 的函数曲线，然后与水吸附情况下的实测曲线来对比，可以得到泥页岩

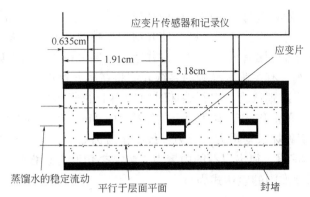

图 7-4　Chenevert 的页岩一维吸水实验方案

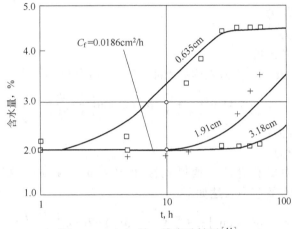

图 7-5　$w(x)$ 的一维实验结果[11]

的吸附扩散系数 C_f。

　　不同的泥页岩具有不同的吸附扩散系数。例如，Chenevert 经过实验得到 Pierre 页岩与水接触时的吸附扩散系数 $C_f = 0.0434\text{cm}^2/\text{h}$，与 4% 的 NaCl 溶液接触时 $C_f = 0.0146\text{cm}^2/\text{h}$，与 20% 的 NaCl 溶液接触时 $C_f = 0.0068\text{cm}^2/\text{h}$；而 Mancos 页岩与水接触时 $C_f = 0.0186\text{cm}^2/\text{h}$。吸附扩散系数随钻井液体系与泥页岩组构变化而变化[13]。

第三节

岩石破坏的强度准则

　　通常情况下，地层深部会受到一个垂向力、两个水平力以及孔隙压力的共同作用。井眼形成后，原地层的应力平衡遭到破坏，井壁围岩地层的应力发生改变而重新分布。在钻井过程中，若地层强度较低，应力集中就有可能使井壁围岩发生破坏，导致井壁失稳[14]。

一、剪切破坏强度判断准则

　　从力学角度来说，井内钻井液液柱压力较低是造成井壁坍塌的主要原因，使得井壁围岩受到的地层应力超过了岩石自身强度而发生剪切破坏[15]。对于延性地层，会使井壁产生塑性变形，使井眼缩径；对于脆性地层，则会使井壁坍塌掉块和井径扩大。井壁围岩的应力状态和强度特性对井壁是否坍塌有很大影响。在井壁稳定性分析中，判断剪切破坏主要用的是 Mohr-Coulomb 强度准则。有关强度准则的系统介绍将在第九章进行。

Mohr-Coulomb 强度准则认为：岩石破坏时剪切面上的剪切力 τ 必须克服岩石原有的剪切强度 C（即内聚力）加上作用于剪切面上的摩擦力。Mohr-Coulomb 强度准则不考虑中间主应力的影响，即剪切破坏只与最大主应力、最小主应力有关，其表达形式简单，可通过三轴应力实验绘制出 Mohr 圆，得出岩石的内聚力、内摩擦角和剪切强度。

Mohr-Coulomb 强度准则的表达式为

$$\tau = C + \sigma \tan\varphi \tag{7-31}$$

式中　τ——岩石抗剪切强度；

　　　C——岩石的内聚力；

　　　σ——法向正应力；

　　　φ——岩石的内摩擦角。

采用最大主应力、最小主应力表达的 Mohr-Coulomb 强度准则为

$$\sigma_1 = \tan^2\left(\frac{\pi}{4} + \frac{\varphi}{2}\right)\sigma_3 + 2C\tan\left(\frac{\pi}{4} + \frac{\varphi}{2}\right) \tag{7-32}$$

式中　σ_1——最大主应力；

　　　σ_3——最小主应力。

将泥页岩岩石视为多孔介质，地层孔隙压力为 p_p，α 为有效应力系数，则 Mohr-Coulomb 强度准则可用有效应力表达如下：

$$\sigma_1 - ap_p = \tan^2\left(\frac{\pi}{4} + \frac{\varphi}{2}\right)(\sigma_3 - ap_p) + 2C\tan\left(\frac{\pi}{4} + \frac{\varphi}{2}\right) \tag{7-33}$$

二、拉伸破坏强度判断准则

当地层岩石受到的有效主应力超过其自身抗拉强度时，地层就会发生拉伸破坏。在对岩石进行单轴拉伸时，其破坏的应力称为岩石的抗拉强度。从力学上来说，当井内钻井液密度过大而使得井壁围岩所受到的切向应力超过其抗拉强度时，井壁岩石将会破裂，其破坏准则为

$$\sigma_\theta = -S_t \tag{7-34}$$

式中　σ_θ——切向应力；

　　　S_t——岩石的抗拉强度。

第四节
坍塌压力和破裂压力

一、井壁坍塌处的应力

假设为线弹性变形，最大的应力差出现在井壁上，因此破坏将在井壁上出现。由式(7-7)

可得到井壁处的应力表达式。

当井壁可渗透，$\delta = 1$ 时，有

$$\left.\begin{array}{l} \sigma_r = p_i - \phi(p_i - p_p) \\[2mm] \sigma_\theta = -p_i + \sigma_H + \sigma_h - 2(\sigma_H - \sigma_h)\cos 2\theta + \left[\dfrac{\alpha(1-2\mu)}{1-\mu} - \varphi\right](p_i - p_p) \\[4mm] \sigma_z = \sigma_v - 2\mu(\sigma_H - \sigma_h)\cos 2\theta + \left[\dfrac{\alpha(1-2\mu)}{1-\mu} - \varphi\right](p_i - p_p) \end{array}\right\} \tag{7-35}$$

当井壁不可渗透，$\delta = 0$ 时，有

$$\left.\begin{array}{l} \sigma_r = p_i \\[2mm] \sigma_\theta = -p_i + \sigma_H + \sigma_h - 2(\sigma_H - \sigma_h)\cos 2\theta \\[2mm] \sigma_z = \sigma_v - 2(\sigma_H - \sigma_h)\cos 2\theta \end{array}\right\} \tag{7-36}$$

二、井壁坍塌压力的计算

由 Mohr-Coulomb 强度准则可知，岩石剪切破坏与否主要由岩石所受到的最大主应力 σ_1 和最小主应力 σ_3 控制，两者的差值越大，井壁越易坍塌。当 $\theta = 90°$ 或 $270°$ 时，即水平最小地应力 σ_h 方位，σ_θ 和 σ_z 取得极大值：

$$\sigma_\theta = -p_i + 3\sigma_H - \sigma_h + \delta\left[\dfrac{\alpha(1-2\mu)}{1-\mu} - \varphi\right](p_i - p_p) \tag{7-37}$$

$$\sigma_z = \sigma_v + 2\mu(\sigma_H - \sigma_h) + \delta\left[\dfrac{\alpha(1-2\mu)}{1-\mu} - \varphi\right](p_i - p_p) \tag{7-38}$$

井壁可渗透时，$\delta = 1$；井壁不可渗透时，$\delta = 0$。

（1）当 $\sigma_r < \sigma_z < \sigma_\theta$ 时，式（7-33）可变为

$$\sigma_\theta - \alpha p_p = \tan^2\left(\dfrac{\pi}{4} + \dfrac{\varphi}{2}\right)(\sigma_r - \alpha p_p) + 2\tan\left(\dfrac{\pi}{4} + \dfrac{\varphi}{2}\right) \tag{7-39}$$

将 σ_θ 和 σ_r 代入式（7-39）中，可得到井壁坍塌压力。

井壁可渗透时，井壁坍塌压力为

$$p_b^w = \dfrac{3\sigma_H - \sigma_h - (K + \alpha + A^2\varphi - A^2\alpha)p_p - 2CA}{A^2(1-\varphi) + 1 - K} \tag{7-40}$$

井壁不可渗透时，井壁坍塌压力为

$$p_b^g = \dfrac{3\sigma_H - \sigma_h + \alpha(A^2 - 1)p_p - 2CA}{A^2 + 1} \tag{7-41}$$

其中

$$A = \tan\left(\dfrac{\pi}{4} + \dfrac{\varphi}{2}\right), K = \delta\left[\dfrac{\alpha(1-2\mu)}{1-\mu} - \varphi\right]$$

（2）当垂向地应力大于水平最大地应力时，井壁主应力可能会出现 $\sigma_r < \sigma_\theta < \sigma_z$，式（7-33）可变为

$$\sigma_z - \alpha p_p = \tan^2\left(\dfrac{\pi}{4} + \dfrac{\varphi}{2}\right)(\sigma_r - \alpha p_p) + 2\tan\left(\dfrac{\pi}{4} + \dfrac{\varphi}{2}\right) \tag{7-42}$$

将 σ_z 和 σ_r 代入式（7-42）中，可得到井壁坍塌压力。

井壁可渗透时，井壁坍塌压力为

$$p_b^w = \frac{\sigma_v + 2\mu(\sigma_H - \sigma_h) - (K + \alpha + A^2\varphi - A^2\alpha)p_p - 2CA}{A^2(1-\varphi) - K} \tag{7-43}$$

井壁不可渗透时，井壁坍塌压力为

$$p_b^g = \frac{\sigma_v + 2\mu(\sigma_H - \sigma_h) + \alpha(A^2-1)p_p - 2CA}{A^2} \tag{7-44}$$

（3）当垂向地应力大于水平最大地应力时，井壁主应力可能会出现 $\sigma_\theta < \sigma_r < \sigma_z$，式（7-33）可变为

$$\sigma_z - \sigma_\theta = \sigma_v + p_i - 2(\mu-1)(\sigma_H - \sigma_h)\cos2\theta - (\sigma_H + \sigma_h) \tag{7-45}$$

可以看出，当 $\theta = 90°$ 或 270° 时，$\sigma_z - \sigma_\theta$ 取极大值，则式（7-33）可变为

$$\sigma_z - \alpha p_p = \tan^2\left(\frac{\pi}{4} + \frac{\varphi}{2}\right)(\sigma_\theta - \alpha p_p) + 2\tan\left(\frac{\pi}{4} + \frac{\varphi}{2}\right) \tag{7-46}$$

将 σ_z 和 σ_θ 代入式（7-46）中，可得到井壁坍塌压力。

井壁可渗透时，井壁坍塌压力为

$$p_b^w = \frac{\sigma_v + 2\mu(\sigma_H - \sigma_h) - A^2(3\sigma_H - \sigma_h) - (K + A^2K + A^2\alpha)p_p - 2CA}{A^2(K-1) - K} \tag{7-47}$$

井壁不可渗透时，井壁坍塌压力为

$$p_b^g = \frac{-\sigma_v - 2\mu(\sigma_H - \sigma_h) + A^2(3\sigma_H - \sigma_h) - \alpha(A^2-1)p_p + 2CA}{A^2} \tag{7-48}$$

三、破裂压力

地层破裂压力是指在某深度地层，当钻井液液柱所产生的压力增大到可以压裂地层，使其原有裂纹张开延伸或形成新裂纹的井内流体压力，其大小受到地应力大小的影响[16]。一般来说，钻井液的密度越大，钻井液液柱的压力越高。因此，当井内钻井液的密度过大而使得井壁围岩所受到的应力达到其抗拉强度时，地层就会破裂：

$$\sigma_\theta = -S_t \tag{7-49}$$

井壁破裂时的应力分布为

$$\left.\begin{array}{l} \sigma_r = p_i - \delta\varphi(p_i - p_p) \\[2mm] \sigma_\theta = -p_i + (1-2\cos2\theta)\sigma_H + (1+2\cos2\theta)\sigma_h + \delta\left[\dfrac{\alpha(1-2\mu)}{1-\mu} - \varphi\right](p_i - p_p) \\[2mm] \sigma_z = \sigma_v - \mu\left[2(\sigma_H - \sigma_h)\cos2\theta + \delta\left[\dfrac{\alpha(1-2\mu)}{1-\mu} - \varphi\right](p_i - p_p)\right] \end{array}\right\} \tag{7-50}$$

井壁可渗透时，$\delta = 1$；井壁不可渗透时，$\delta = 0$。

从式（7-50）可以看出，当 p_i 增大时，σ_θ 变小。当 p_i 增大到一定程度时，σ_θ 将变为负值，即井壁岩石所受切向应力由压缩应力变为拉伸应力，当拉伸应力大到足以克服岩石的抗拉强度时，地层产生破裂造成井漏。破裂发生在 σ_θ 最小处，即 $\theta = 0°$ 或 180° 处，此时 σ_θ 为

$$\sigma_\theta = -p_i + 3\sigma_h - \sigma_H + \delta\left[\frac{\alpha(1-2\mu)}{1-\mu} - \varphi\right](p_i - p_p) \tag{7-51}$$

井壁可渗透时 $\delta = 1$，将式（7-51）代入式（7-50），可得岩石产生拉伸破坏时地层的破裂压力 p_f 为

$$p_f = \frac{3\sigma_h - \sigma_H - Kp_p + S_t}{1 - K} \quad (7-52)$$

井壁不可渗透时 $\delta = 0$，同理可得

$$p_f = 3\sigma_h - \sigma_H + S_t \quad (7-53)$$

第五节
井壁稳定的弹塑性分析

从变形和破坏角度来看，岩石有脆性和延性之分。一般情况下，脆性岩石在总应变小于 5% 会发生破坏，而延性岩石在破坏之前总应变会超过 5%。脆性与延性在一定条件下可相互转变，例如在地面表现为脆性的岩石，在地层深部高温高压条件下却表现为延性。在钻井过程中，钻遇延性特性的地层，井壁围岩通常表现出塑性特征，引起井眼不同程度的缩径变形。这类变形取决于原始地应力、岩石材料变形特征及井内钻井液液柱压力对井壁岩石力学性质的改变[17]。

但对于大多数岩石材料，应力超过了岩石极限强度后，并不会立即破坏，而是产生不可逆的塑性变形，特别是在高围压下，岩石的塑性变形更加明显（图 7-6）。在复杂情况下，各种应力状态组合都可以使岩石发生屈服，第一次屈服称为初始屈服，在应力空间中这些应力点集合称为初始屈服面；改变应力状态，屈服面随之也改变，再发生后继屈服，则称为后继屈服面。传统塑性理论通常有 4 类：理想弹塑性、理想塑性、硬化及软化。

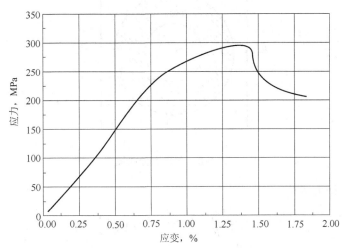

图 7-6　典型的岩石塑性应力—应变曲线图

图 7-6 为岩石的应力—应变曲线，可以看出，当应力超过岩石强度后，岩石将经历很大的变形后才会屈服破坏。

图 7-7 为岩石理想弹塑性模型的应力—应变曲线，即假设岩石中的应力超过其强度时，岩石的应变虽然增加，但其承载能力不再变化。该模型认为，在塑性变形过程中，后继屈服面始终与初始屈服面重合，在应力空间中，屈服面是一个固定不变的曲面。

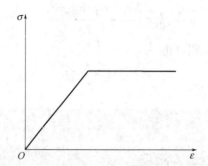

图 7-7　理想弹塑性模型的应力—应变曲线

对于井周应力弹塑性模型，许多学者进行了研究[18]，其最大的区别在于是否考虑孔隙压力、弹塑性界面的处理以及塑性判别准则。虽然传统塑性理论有很多缺陷，但因其通常有解析解，计算简单，所以也得到了广泛的应用。

一、井周应力的理想弹塑性解

假设地层为各向同性均质材料，且为小变形。此理想弹塑性模型的应力—应变曲线如图 7-7 所示。当变形进入塑性区后，应力不再随应变的增加而增加。

如图 7-8 所示，假设弹性区和塑性区的应力及应变都只是 r 的函数，而与 θ 无关，且视井壁周围的塑性区为等厚圆筒。

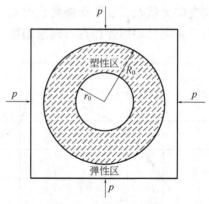

图 7-8　塑性区分布图

井壁围岩的本构方程为

$$\left.\begin{aligned}\varepsilon_r &= \frac{1+\mu}{E}\left[(1+\mu)\sigma_r - \mu\sigma_\theta\right] \\ \varepsilon_\theta &= \frac{1+\mu}{E}\left[(1+\mu)\sigma_\theta - \mu\sigma_r\right]\end{aligned}\right\}$$

(7-54)

变形方程为

$$\left.\begin{aligned}\varepsilon_r &= \frac{\partial u}{\partial r} \\ \varepsilon_\theta &= \frac{1}{r}\left(\frac{\partial v}{\partial \theta} + u\right)\end{aligned}\right\}$$

(7-55)

式中　u、v——r、θ方向的位移。

平衡方程为

$$\frac{\partial \sigma_r}{\partial r} + \frac{\sigma_r - \sigma_\theta}{r} = 0 \tag{7-56}$$

径向应力和切向应力可以表示为

$$\left.\begin{array}{l} \sigma_r = \sigma + \dfrac{A}{r^2} \\[3mm] \sigma_\theta = \sigma - \dfrac{A}{r^2} \end{array}\right\} \tag{7-57}$$

当岩石变形进入塑性阶段后，应该满足 Mohr-Coulomb 强度准则，有

$$\frac{\sigma_\theta^{\mathrm{p}} + C\cot\varphi}{\sigma_r^{\mathrm{p}} + C\cot\varphi} = \frac{1 + \sin\varphi}{1 - \sin\varphi} \tag{7-58}$$

式中　C、φ——岩石的黏聚力与内摩擦角；

σ_r^{p}、$\sigma_\theta^{\mathrm{p}}$——塑性区的径向应力与切向应力。

由式(7-55)和式(7-58)可以得到塑性区的径向应力与切向应力为

$$\left.\begin{array}{l} \sigma_r^{\mathrm{p}} = -C\cot\varphi + (p_0 + C\cot\varphi)\left(\dfrac{r}{R_0}\right)^{\frac{2\sin\varphi}{1-\sin\varphi}} \\[4mm] \sigma_\theta^{\mathrm{p}} = -C\cot\varphi + (p_0 + C\cot\varphi)\dfrac{1+\sin\varphi}{1-\sin\varphi}\left(\dfrac{r}{R_0}\right)^{\frac{2\sin\varphi}{1-\sin\varphi}} \end{array}\right\} \tag{7-59}$$

在塑性区和弹性区边界上，径向应力和切向应力相等，因此通过式(7-57)与式(7-59)可以得到塑性半径以及弹性区应力分布。

塑性半径为

$$R = R_0\left[(1-\sin\varphi)\frac{\sigma + C\cot\varphi}{p_0 + C\cot\varphi}\right]^{\frac{1-\sin\varphi}{2\sin\varphi}} \tag{7-60}$$

弹性区的应力分布为

$$\left.\begin{array}{l} \sigma_r^{\mathrm{e}} = \sigma - \dfrac{a^2}{r^2}(S_2\sin\varphi + C\cot\varphi)\left[(1-\sin\varphi)\dfrac{S_2 + C\cot\varphi}{p + C\cot\varphi}\right]^{\frac{2\sin\varphi}{1-\sin\varphi}} \\[4mm] \sigma_\theta^{\mathrm{e}} = \sigma + \dfrac{a^2}{r^2}(S_2\sin\varphi + C\cot\varphi)\left[(1-\sin\varphi)\dfrac{S_2 + C\cot\varphi}{p + C\cot\varphi}\right]^{\frac{1-\sin\varphi}{2\sin\varphi}} \end{array}\right\} \tag{7-61}$$

假定在小变形情况下塑性区内体积不可压缩，于是可得到塑性区围岩位移为

$$u_r^{\mathrm{p}} = \frac{(p_i\sin\varphi + C\cos\varphi)R_0^2}{2Gr} \tag{7-62}$$

式中　u_r^{p}——塑性区围岩位移；

G——地层的剪切模量。

图 7-8 给出了塑性区形状图，图 7-9 给出了井内压力 p 与塑性区围岩位移关系示意图。当井壁周围无塑性区时有 $R_0 = r_0$，井壁的位移只有弹性变形，此时要求有最大的 p_i 值。在井眼略有缩径的前提下，可以适当扩大塑性区的范围，这样可以降低井内压力，即可通过降低钻井液密度来实现。从图 7-9 可以看出，p_i 值降低，但不能小于 $p_{i\mathrm{min}}$ 值，因为超过这个

值，塑性区再扩大，井壁围岩就要松动塌落，此时要维持其稳定需大大提高 p_i 值[19]。

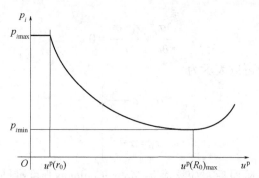

图 7-9　井壁位移随井内钻井液压力变化曲线

　　1988 年，美国哈里伯顿公司的 C. Hsiao 在理想弹塑性模型的基础上，综合考虑了岩石的孔隙弹性、渗流规律，由 Mohr-Coulomb 强度准则求解出均匀水平地应力和各向同性地层的井壁围岩塑性区分布规律，其不足之处是没有考虑非均匀水平地应力作用[20]。

　　井壁围岩塑性应力状态的平衡方程为

$$\frac{\partial \sigma_r}{\partial r} + \frac{\sigma_r - \sigma_\theta}{r} = 0 \tag{7-63}$$

假设应力场满足 Mohr-Coulomb 强度准则，强度准则可表述为

$$f = (-N^2\mu)\sigma_{rr} + (1-N^2\mu)\sigma_{\theta\theta} + (2\mu N^2 - 1)\alpha p - 2CN = 0 \tag{7-64}$$

其中

$$\alpha = 1 - C_r / C_b$$

式中　σ_{rr}——径向应力；

　　　　C_r——岩石骨架压缩性；

　　　　C_b——岩石体积压缩性；

　　　　p——孔隙流体压力。

　　强度准则 f 的塑性流动法则可表述为

$$\left.\begin{aligned}
\sigma_{rr}^p &= K\frac{\partial f}{\partial \sigma_{rr}p} = K(-N^2\mu) \\[2mm]
\varepsilon_{\theta\theta}^p &= K\frac{\partial f}{\partial \sigma_{\theta\theta}p} = K(-N^2\mu) \\[2mm]
\varepsilon_{zz}^p &= 0
\end{aligned}\right\} \tag{7-65}$$

　　弹性应力应变关系为

$$\sigma_{ij}^e = (\lambda I_1^e + \alpha p)\delta_{ij} + 2G\varepsilon_{ij}^e \tag{7-66}$$

其中

$$I_1^e = \varepsilon_{rr}^e + \varepsilon_{\theta\theta}^e + \varepsilon_{zz}^e$$

式中　I_1^e——体应变；

　　　　e、p——弹性区、塑性区。

　　总应变为

$$\varepsilon_{ij} = \varepsilon_{ij}^e + \varepsilon_{ij}^p \tag{7-67}$$

联立上述方程后有

$$(1+\mu)(1-\mu-N^2\mu)\sigma_{rr} + \mu(1+\mu)(N^2-1)\sigma_{\theta\theta}$$

$$= E(1-N^2\mu)\varepsilon_{rr}+E(N^2\mu)\varepsilon_{\theta\theta}+(1+\mu)(1-2\mu)ap \tag{7-68}$$

应变位移关系为

$$\left.\begin{array}{l}\varepsilon_{rr}=\dfrac{\partial u}{\partial r}\\[3mm]\varepsilon_{\theta\theta}=\dfrac{u}{r}\end{array}\right\} \tag{7-69}$$

式中　u——径向位移；

ε_{rr}、$\varepsilon_{\theta\theta}$——两个应变分量。

上述方程再联立平衡方程可得出用位移表示的方程为

$$r^2\frac{\partial^2 u}{\partial r}+r\frac{\mathrm{d}u}{\mathrm{d}r}-A_1 u=A_2 r \tag{7-70}$$

最后可求得井壁围岩的塑性位移为

$$\left.\begin{array}{l}u^{\mathrm{p}}=B_1 r^{A_3}+B_2 r^{-A_3}+\dfrac{A_2}{1-A_1}r\\[3mm]A_1=\left(\dfrac{N^2\mu}{1-N^2\mu}\right)^2\\[3mm]N=\tan\left(\dfrac{\pi}{4}+\dfrac{\varphi}{2}\right)\\[3mm]A_2=\dfrac{2C_0 N(1+\mu)(1-2\mu)+bC_{00}A_1}{(1-N^2\mu)E}\\[3mm]A_3=A_1^{\frac{1}{2}}\end{array}\right\} \tag{7-71}$$

其中　　　　　　　　　$C_0=q\eta/2\pi hk,\ C_{00}=q\eta/2\pi hk_0$

式中　B_1、B_2——积分常数，由边界条件确定；

b——修正系数；

C_0、C_{00}——弹性区常数、塑性区常数，是与岩石性质有关的常数；

μ——泊松比。

二、塑性增量方程

假设地层为各向同性材料，岩石屈服进入塑性后，其本构方程可表达为

$$\mathrm{d}\gamma_{ij}=\frac{1}{2G}\mathrm{d}s_{ij}+H(\beta)\mathrm{d}s_{ij} \tag{7-72}$$

其中

$$\gamma_{ij}=\varepsilon_{ij}-\frac{1}{3}\varepsilon_{kk}\delta_{ij} \tag{7-73}$$

$$s_{ij}=\sigma_{ij}-\frac{1}{3}\sigma_{kk}\delta_{ij} \tag{7-74}$$

式中　r_{ij}——应变偏量；

s_{ij}——应力偏量；

$H(\beta)$——物质状态特征参量 β 的函数，可通过实验确定。

若取 $H(\beta)$ 为

$$H(\beta) = \frac{1}{2G}\frac{\beta}{1-\beta}$$

则塑性本构方程则可表达为

$$d\gamma_{ij} = \frac{1}{2G(1-\beta)}ds_{ij} \tag{7-75}$$

定义应力偏量的强度增量 dq 及应变偏量的强度增量 de 为

$$(dq)^2 = ds_{ij}ds_{ij}$$
$$(de)^2 = d\gamma_{ij}d\gamma_{ij}$$

则

$$\frac{dq}{de} = 2G(1-\beta) \tag{7-76}$$

复合应力状态的塑性参数可利用简单拉压或扭转,对于岩石可用单轴压缩函数来确定:

$$\frac{d\sigma_1}{d\varepsilon_1} = 2G(1-\beta) \tag{7-77}$$

通过 Drucker-Prager 强度准则

$$Y = \alpha I_1 + \sqrt{J_2} - H - N = 0 \tag{7-78}$$

若用黏聚力 C 和内摩擦角 φ 表示,可表示为

$$\frac{\tan\varphi}{\sqrt{9+12\tan^2\varphi}}I_1 + \sqrt{J_2} - \frac{3C}{\sqrt{9+12\tan^2\varphi}} - N = 0 \tag{7-79}$$

黏聚力 C 和内摩擦角 φ 可由实验测定。对单轴压缩,式(7-79)可简化为

$$\left(\frac{\tan\varphi}{\sqrt{9+12\tan^2\varphi}} - \frac{1}{\sqrt{3}}\right)\sigma_1 - \frac{3C}{\sqrt{9+12\tan^2\varphi}} - N = 0 \tag{7-80}$$

由式(7-80)可求出 N 值,得到 β 与 N 的经验关系式

$$\beta = f(N) \tag{7-81}$$

式中,N 是主应力的函数,与强度有关;此时 β 值也可表达成强度参数及主应力的函数。强度参数可通过岩石力学实验测定,每个主应力对应一个 β 值,具有非线性性质,此时的 β 值可用于解弹塑性方程。

三、泥页岩膨胀变形的本构方程

设体积应力为

$$\sigma_m = \frac{1}{3}\sigma_{kk} \tag{7-82}$$

体积应变为

$$\varepsilon_m = \frac{1}{3}\varepsilon_{kk} \tag{7-83}$$

两者关系为

$$\dot{\sigma}_m = K\dot{\varepsilon}_{kk} \tag{7-84}$$

式中 K——体积模量,与变形有关。

如果考虑遇水体积膨胀，则体积应变和应力的增量关系可表示为

$$\dot{\sigma}_m = K(\dot{\varepsilon}_m - \dot{\varepsilon}_{mH}) \tag{7-85}$$

其中

$$\dot{\varepsilon}_{mH} = \alpha\omega \tag{7-86}$$

式中　α——岩石吸水引起的线膨胀系数；

　　　ω——岩石的含水量。

由式（7-75）可知

$$\dot{\gamma}_{ij} = \frac{1}{2G(1-\beta)}\dot{s}_{ij} \tag{7-87}$$

结合式（7-84）可得

$$\dot{\sigma}_{ij} = D_{ijkl}\dot{s}_{kl} \tag{7-88}$$

其中，D_{ijkl} 为弹塑性系数张量，其矩阵形式为

$$[D_{ijkl}] = \begin{pmatrix} 2G\left(1+b-\dfrac{2\beta}{3}\right) & 2G\left(b+\dfrac{\beta}{3}\right) & 2G\left(b+\dfrac{\beta}{3}\right) & 0 & 0 & 0 \\ 2G\left(b+\dfrac{2\beta}{3}\right) & 2G\left(1+b-\dfrac{2\beta}{3}\right) & 2G\left(b+\dfrac{\beta}{3}\right) & 0 & 0 & 0 \\ 2G\left(b+\dfrac{\beta}{3}\right) & 2G\left(b+\dfrac{\beta}{3}\right) & 2G\left(1+b-\dfrac{2\beta}{3}\right) & 0 & 0 & 0 \\ 0 & 0 & 0 & G(1-\beta) & 0 & 0 \\ 0 & 0 & 0 & 0 & G(1-\beta) & 0 \\ 0 & 0 & 0 & 0 & 0 & G(1-\beta) \end{pmatrix} \tag{7-89}$$

其中

$$b = \frac{3K-G}{4G}$$

对于平面应变

$$[D_{ijkl}] = \begin{pmatrix} 2G\left(1+b-\dfrac{2\beta}{3}\right) & 2G\left(b+\dfrac{\beta}{3}\right) & 0 \\ 2G\left(b+\dfrac{\beta}{3}\right) & 2G\left(1+b-\dfrac{2\beta}{3}\right) & 0 \\ 0 & 0 & G(1+\beta) \end{pmatrix} \tag{7-90}$$

利用上式结合平衡方程和几何方程可解出井周径向应力分布：

$$\left.\begin{aligned} \sigma_r &= \left[K+\frac{4}{3}G(1-\beta)\right]\frac{\mathrm{d}u}{\mathrm{d}r} + \left[K-\frac{2}{3}G(1-\beta)\right]\frac{u}{r} \\ \sigma_r &= \left[K-\frac{2}{3}G(1-\beta)\right]\frac{\mathrm{d}u}{\mathrm{d}r} + \left[K+\frac{4}{3}G(1-\beta)\right]\frac{u}{r} \end{aligned}\right\} \tag{7-91}$$

其中

$$\left.\begin{aligned} u &= C_1 r^{n_1} + C_2 r^{n_2} \\ \frac{\mathrm{d}u}{\mathrm{d}r} &= C_1 n_1 r^{n_1-1} + C_2 n_2 r^{n_2-1} \end{aligned}\right\} \tag{7-92}$$

由边界条件 $r=a$，$\sigma_r=p_1$；$r=b$，$\sigma_r=p_2$（其中 p_1 为钻井液液柱压力，p_2 为距离井眼中

心 b 处平均水平地应力），可求得

$$\left.\begin{array}{l} C_1 = \dfrac{p_1(a^{n_1-1}b^{n_2-1}-b^{n_1+n_2-2})-p_2(a^{n_1+n_2-2}-a^{n_2-1}b^{n_1-1})}{\left\{\left[K+\dfrac{4}{3}G(1-\beta)\right]n_1+\left[K-\dfrac{2}{3}G(1-\beta)\right]\right\}(a^{n_1-1}b^{n_1-1})(a^{n_1-1}b^{n_2-1}-a^{n_2-1}b^{n_1-1})} \\[6mm] C_2 = \dfrac{p_2 a^{n_1-1}-p_1 b^{n_1-1}}{\left\{\left[K+\dfrac{4}{3}G(1-\beta)\right]n_2+\left[K-\dfrac{2}{3}G(1-\beta)\right]\right\}(a^{n_1-1}b^{n_2-1}-a^{n_2-1}b^{n_1-1})} \end{array}\right\}$$

$$(7\text{-}93)$$

其中
$$K = \frac{E}{3(1-2\mu)}, \quad G = \frac{E}{2(1+\mu)}$$

思考题

1. 引起井壁不稳定的因素有哪些？

2. 什么是三压力剖面？

3. 写出 Mohr-Coulomb 强度准则的表达式，并简述各个参数的物理意义。

4. 已知地层抗拉强度为 2MPa，孔隙压力为 20MPa，最大、最小水平主应力分别为 65MPa、44MPa，求地层破裂压力。

5. 某油田井深为 2600m 的砂岩地层，强度符合 Mohr-Coulomb 强度准则，其内聚力为 6.0MPa，内摩擦角为 43.8°，泊松比为 0.2，单轴抗拉强度为 0。地层的上覆岩层压力梯度为 22.6kPa/m，地层孔隙压力梯度为 12.2kPa/m，有效应力系数为 1。假设水平地应力均匀，且其应力梯度为 17.0kPa/m。试确定打开该砂岩层的合理钻井液密度范围。

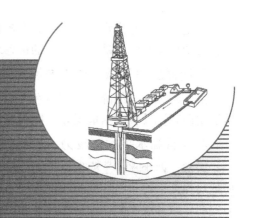

第八章

油气井出砂

油气井出砂是一个带有普遍性的复杂问题。弱胶结地层结构疏松，强度低，出砂现象非常严重。出砂不仅会导致油气井减产或停产、地面和井下设备磨蚀，而且会使套管损坏、油气井报废，因此出砂问题迫切需要解决。出砂机理作为出砂预测和防砂的理论基础，越来越受到人们的重视。不同的地层具有不同的出砂机理，也应采取不同的防砂措施。对于胶结地层，出砂主要是由地层发生剪切破坏而引起的，防砂的关键在于防止地层发生剪切破坏。尽管当井眼压力达到发生剪切破坏的临界值时，不一定马上引起油气井出砂，但是，一定要控制某些参数（如井眼压力、储层压力等），使其达不到临界值。

第一节

国内外出砂机理研究现状

防砂是贯穿油气井开采过程的永恒主题，几十年来国内外专家、学者对油气井的出砂机理进行了大量的研究工作，并得出了很多结论，这些结论对现今的防范工艺和防范技术起到了积极的推动作用。回顾、整理、分类和总结这些出砂机理方面的研究成果，可将其分为如下5个方面。

一、根据地层特点分析出砂机理问题

1991年N. Morita和P. A. Boyd两人发表文章详细地分析了油田现场常见的5种典型的油气井出砂问题。

1. 地层的弱胶结出砂

这类油气藏出砂发生在油气井生产初期，或关井后的第二个生产周期。对于弱胶结地层，剪切破坏所导致的出砂量要比张应力作用所造成的出砂量大。由于地层胶结性差，较小的采液强度就可以导致油气井出砂。

2. 中等胶结强度易出水地层出砂

中等胶结强度定义地层强度在3.45~6.8MPa。这种地层开始不出砂，地层出水后开始

出砂。主要原因是出水后使原来固结砂粒的毛管力消失，地层砂在地层内流动着的流体作用下，剪切破碎增强，破碎的砂粒的运移增大了砂粒间的剪切力，从而使油气藏出砂加剧。

3. 油藏压力下降导致胶结性好的地层出砂

由于油藏压力的降低，同时在主应力非常大的情况下，胶结强度高的地层易出砂。这种地层出砂状况较弱胶结地层差，同时也可能时断时续地发生。

4. 具有高水平构造应力、胶结性好的地层出砂

通常，两个水平主构造应力在出砂层位没有明显的区别。然而如果由于孔隙度的减小而使地层强度变得很高，此时地层有较小的运动，将导致该方向上的应力很高，这种较高的应力差能导致井眼破碎，这种作用的结果便是油气井出砂。

5. 井眼表面周围高压力梯度的出砂问题

由于井眼表面周围高压力梯度，射孔弹在射孔的过程中对井壁的振动作用造成孔眼壁面地层胶结性变差，加上流体流动拖曳力和摩擦力的作用，使地层的出砂加重。孔眼附近出砂区最一般的特点是胶结性差，这种观点体现为传统上只用胶结性差作为衡量地层出砂的标准。如果最大主应力超过地层强度，就可以在不考虑地层胶结性差等因素的情况下断定地层出砂；如果现存的压力超过地层压力，出砂量增加的主要原因是剪切破碎。通常如果地层突然出水或关井次数增加必将使地层出砂情况加剧。

二、根据两种力的作用对出砂机理进行分析

20 世纪 80 年代末 N. Morita 和 D. L. Whitfill 等人在他们的文章中论述了两种力的作用导致地层出砂，其一是剪切应力导致的地层破碎，其二是张应力造成的地层破碎。如果地层内流体的流速高，将发生张应力破碎。如果井底压力下降，剪切破碎将占主导地位。虽然在通常条件下，纯张应力破碎很少发生，然而达到以下条件就将发生：

（1）射孔孔眼间距超过总间距的 1/3；

（2）射孔密度小于 7 孔/m；

（3）射孔孔眼被封堵；

（4）对孔眼进行净化时。

三、根据砂拱稳定机理进行出砂机理分析

Hall C. D. JR. 和 Harrisberger 等人首先用岩心三轴向试验来研究在不同的载荷和油水两相作用下砂拱的稳定性问题。通过三轴向试验可归纳砂拱所表现出来的一些特性。他们通过试验观察到，当润湿相浓度小于某个临界值时，砂拱将保持稳定；如果润湿相浓度达到这个临界值时，砂拱将被破坏，另外他们还发现砂拱的稳定能力与砂拱的尺寸、润湿相大小有关，而且围绕在孔眼周围的砂粒必须具有一定的润湿相才能形成砂拱等。同时，他们还指出稳定的砂拱必须具有一定的外界应力和自身的凝聚力。

L. C. B. Bianco 和 P. M. Halleck 等人在总结 Hall C. D. JR. 和 Harrisberger 等人研究成果的基础上，用试验结果进一步说明润湿相浓度的变化对砂拱行为和砂拱稳定性的影响：

（1）单相浓度的砂粒构成不了稳定的砂拱。

（2）强烈的引力使孔眼增大。

（3）两相环境下的砂拱稳定性好，在试验条件下，当润湿相饱和度 $S_w > 3\%$ 时，形成稳

定的砂拱；

当 $S_w<20\%$ 时，有出砂的迹象；

当 $20\%<S_w<32\%$ 时，连续出砂；

当 $S_w>32\%$ 时，产生大量的流动砂。

（4）在两相环境下，仅润湿相携带砂粒。

（5）在润湿相饱和度较小的环境条件下，液流速度增加，砂拱尺寸也随之增加；随流速的降低，砂拱保持稳定。

（6）润湿相浓度超过某一临界值时，砂拱将发生坍塌破坏。

四、由砂粒从骨架脱附情况来分析地层出砂机理

出砂是一个单独的砂粒或者砂的集合物从砂的"骨架"上运移进入一个流动的流体中的过程，这个过程是由两种机理引起的：塑性变形断裂，连续断裂准则局部地得到满足，而且脱附失败；在单独的砂粒以及砂的集合物上的推力超过阻力。前者发生在平衡条件下，后者发生在动力学条件下。在平衡条件下，表面应力的增加只能引起颗粒集合体的压缩或者膨胀，而不会改变包含在系统中的固体质量，如果有一个颗粒从这个系统中迁移走了，这个颗粒周围的接触平衡就被打破。

颗粒迁移的时候可以出现几个状态，如图 8-1 所示，由迁移走的颗粒支持的接触力不得不重新分配到其他周围的颗粒上，以便达到一个新的平衡。这种接触力的重新分配的一个直接结果是在附近颗粒上的接触力将增加。如果这个颗粒充填结构不接受重新分配的力或者周围的颗粒达到了断裂准则，颗粒将从骨架上脱离下来并落入移动的流体中。只有在孔隙度梯度方向上的驱动力的分量才对驱动因素有贡献，其他方向上的分量主要是由于被其他颗粒集合堵塞（减少了运动学的自由度，见图 8-1），使砂粒集聚体压缩或膨胀。因此，在孔隙度梯度变化方向上的分量是控制颗粒运移的主要因素。砂粒运移模型如图 8-2 所示。

图 8-1 砂粒脱附示意图

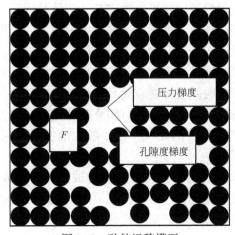

图 8-2 砂粒运移模型

五、根据出水后岩石性能的变化分析地层出砂机理

导致出水后岩石胶结强度降低的因素有：

（1）矿化水与岩石间的化学反应。矿化水与岩石间的化学反应包括石英与矿化水的反应、碳酸钙溶解、岩石中铁离子的沉淀作用等。

（2）岩石表面张力和毛管力的变化。

（3）较高的流体压力梯度、高流速和较强的拖曳力。

（4）流体将岩石颗粒从岩石骨架上拖曳下来。

（5）黏土膨胀作用。

这些因素的作用都是地层出水产生的，总结归纳起来主要有两个因素，一是由化学反应引起的，另一个是含水饱和度的变化导致毛管力的变化而引起的。两种主要的化学反应是石英水解和碳酸盐溶解。虽然毛管力要比渗流力小得多，但在出砂机理分析过程中是不可忽视的。随着含水饱和度的增加，毛管力强度要下降很多；随着含水饱和度的增加，化学反应所产生的变化要作用很长时间，总之可以得出结论：在地层岩石含水饱和度达到临界值前，毛管力起作用；而含水饱和度达到临界值之后，矿化水与岩石的化学反应起作用。

从整个出砂机理的研究历史看，对出砂机理的研究已经从宏观上的地层结构力和地层内流体多相流动的共同作用，发展到微观上的地层砂颗粒从砂体骨架上脱落和矿化水与地层岩石间的化学反应。对地层出砂机理的研究越来越细致、越来越具体，对防砂工艺的发展有更大的推动作用。

第二节
油层出砂原因及出砂预测方法

一、油层出砂原因

出砂是油气开采过程中储层胶结疏松、强度低、流体冲刷而导致射孔孔道附近或井底地带砂岩层结构被破坏，砂粒随流体从油层中运移出来的现象。根据所观察到的出砂现象，出砂可分为不稳定出砂、连续性出砂和突发性大量出砂。不稳定出砂是指在正常生产条件下出砂量随时间而递减，这种现象通常出现在射孔或酸化后的排液过程中，以及水推进或放大油流之后，出砂比与出砂体积随时间衰减变较大；连续性出砂是油井生产过程中长时间稳定连续出砂，其出砂比相对较稳定，出砂体积随时间衰减变化小；突发性大量出砂是指短时间内大量出砂造成油井突然砂堵或停产的现象，比如放大油流时引起油井大量出砂，造成井眼砂堵。

油层出砂是由射孔道或井底地带砂岩层的结构被破坏所造成的。它一般以两种方式产生：一个是砂岩体中的游离砂随油、气流逸出，另一个是砂岩的骨架破碎，造成出砂。通常出砂与砂岩的胶结强度、应力状态和开采方式有关。

二、出砂的影响因素

1. 产层胶结状况对出砂的影响

砂岩层中的胶结物以泥质成分为主，属于弱胶结和松散胶结，砂岩的强度较低。砂岩受水浸泡后，黏土膨胀分散，砂岩中的砂粒失去胶结，在流体的携带下进入井筒，形成出砂。当砂岩中的含水量达到一定程度时，岩石强度明显降低，对出砂的影响明显增大。因此，砂岩胶结的好坏是引发出砂的直接因素。在高含水开发期，水含量增大，使产层物性发生变化。受水浸的影响，胶结物中的黏土矿物水化膨胀和运移，损害胶结物，砂粒失去胶结，仅靠围岩压力和相互摩擦力难以限制其运移；同时，孔隙内的渗流速度逐渐增大，对砂粒的拖曳力增加，使砂粒运移明显加快。油层在流体的常年冲蚀下，胶结剥离，部分骨架遭到破坏，而被液流带入井筒，造成出砂。

2. 地应力对出砂的影响

在弱胶结砂岩地层中，由于地应力非均匀性的影响，井壁周围某些方位地层将遭受较高的压应力集中，而导致该方位地层先于其他方位地层剪切屈服、出砂。因此，对这些方位进行选择性避射将有利于防砂并延长油气井的开采寿命。

3. 流速及生产压差对出砂的影响

当砂岩骨架破坏后，在较高液流的冲刷下，破碎的骨架砂大量逸出，造成大量出砂。在小流速、低压差下，砂粒可能排列成稳定的砂拱。当液流流速高、内外压差增大时，稳定砂拱被破坏，不能阻挡砂粒。在高速流体冲刷下，射孔孔道或井壁处的砂拱破坏，砂粒大量逸出。

4. 油层开采后期地层压力下降对出砂的影响

地层压力下降，储层结构破坏。开采后期，油层总压降已达 5MPa 以上，油层原始状态早已破坏，砂粒间的平衡被打破，加剧了油层出砂。注水井附近油层内为高压，超过原始地层压力；采油井附近油层内是低压区，低于原始地层压力。在低压区，地层孔隙压力的降低、上覆岩层压力的存在使砂粒间的接触应力增加，当超过砂岩的抗压强度时，砂岩骨架破碎，引起严重出砂，且不可逆转。油层开采之前，砂粒骨架之间的接触应力与地层压力共同作用承载着上覆岩层压力，即 $p_0 = p_p + \sigma$，其中 p_0 为上覆岩层压力，p_p 为地层压力，σ 为砂砾骨架的接触应力。当地层压力 p_p 下降较多，且砂岩层又由于胶结疏松而强度降低时，σ 会大于骨架之间的承载能力而将砂岩层压碎，造成大量出砂。

5. 介质变化对出砂的影响

1）水对出砂的影响

通常采油中后期的大排量生产使出砂程度更为严重。在特高含水期，由于含水上升，保证稳产或缓产量递减的主要手段之一是增加产液量，这样势必加大生产压差，提高了采液强度、井筒内流体的流速，使出砂程度日趋严重。流体尤其是水的冲刷将已松散的胶结物带走后，出砂几乎成为必然。另外，反复地开泵、停泵，使岩层受交变应力的作用，岩石也会产生疲劳破坏，增大出砂的可能性。在采油中后期，油层含水率上升，大量的注入水浸泡油层，使砂岩层的某些胶结物强度降低（如黏土胶结物浸泡后，胶结强度会降低很多），粉化脱落而不能胶结住砂粒，造成出砂。鉴于此，有的地方已经考虑用柴油驱替、蒸汽吞吐等。

2）油流黏度对出砂的影响

试验证明，流体黏度越大，越容易引起出砂。当流速高于出砂临界流速时，在相同的流速下，流体的黏度越大，出砂量越大。流体的黏度在出砂过程中起到很大的作用：一是悬砂、携砂；二是携砂流体对砂体的冲刷和剥蚀，流体黏度升高，携砂、悬砂能力增强，流动过程中的拖曳力也就越大，对砂体的冲刷和剥蚀就更加严重，最终导致出砂加剧。因此，在疏松砂岩油藏开采过程中，应尽量保持地层压力高于饱和压力，防止原油脱气而改变性质。

3）流体 pH 值对出砂的影响

试验证明，注入流体 pH 值对出砂有一定影响。pH 值升高，临界出砂流速减少。pH 值升高，使岩石黏土矿物中晶层间的斥力增大，导致黏土矿物更易分散、脱落，并随流体的流动而运移，造成出砂。另外，pH 值同样会改变非黏土颗粒表面的电荷分布，使颗粒与基质间的范德华力减弱，那些与基质胶结不好或非胶结的颗粒将被释放到流体中去，从而导致自由颗粒数目增多，出砂的可能性更大。

4）温度对出砂的影响

试验证明，当井筒内的液体压力高于地层压力，且地层温度高于井筒内流体温度，地层受井筒内流体冷却作用时，随着温差的增大，井壁及其附近地层内周向应力和轴向应力随之减少，周向应力和轴向应力逐渐由压应力变为张应力，井壁张性破坏的可能性增大，出砂的可能性也增大。

6. 塑性区渗透率对出砂的影响

塑性区渗透率由于压实及来自远处细砂的堵塞而减少，从而增大流区的流动压力梯度，进而易造成破坏出砂。

7. 气侵对出砂的影响

在油田开发过程中，当井底压力低于饱和压力时，井底附近原来溶解在原油中的天然气就分离出来，这部分气体侵入会对出砂产生影响。气体对出砂方面的影响可从两个方面来说明，一是由于贾敏效应的存在，流体的阻力增大，也就是对砂粒的拖曳力增加，因此使出砂量增加；二是由于地层有消泡作用，气泡前破后继，这样对岩石骨架以交变应力作用，可能使其发生疲劳破坏，使出砂量增多。

8. 交替开关井对出砂的影响

关井后，地层压力趋于恢复平衡，孔腔附近的孔隙压力升高，而有效地应力下降；开井后，孔腔附近的孔隙压力下降，而有效地应力升高。因此，开关井一方面可引起孔腔壁附近岩石的疲劳，另一方面可加剧其剪切破坏，从而在流体力的作用下使出砂更严重。

9. 射孔完善程度及射孔参数对出砂的影响

在油井投产或补孔时，要求的射孔密度一般在 $13 \sim 16$ 孔/m，但在实际操作中真正打开油层的通道较少。射孔完善程度好的孔道液流流速高，携砂能力强，高速液流携带地层砂冲刷防砂屏障，很快造成防砂失效。试验证明，井斜角的增加、孔密的增加、流速的增加或者布孔方式从螺旋到水平再到垂直的改变都会使出砂量增加，特别是对于井斜角大于 $10°$、布孔方式为串联、流速为 $1600 \mathrm{cm}^3/\mathrm{h}$ 的井眼模型，出砂更为明显。

10. 不适当的措施或管理对出砂的影响

不当的增产措施（如酸化或压裂）或管理（如造成井下过大的压力激动）都会引起地

层出砂。

综上所述，影响地层出砂的因素十分复杂，归纳起来主要有：原地应力、岩石强度、地层压力衰减、生产压差或流速、地层是否含水和含水率大小、射孔参数以及不适当的增产措施或管理等方面。对弱胶结疏松砂岩地层，分析并找出影响地层出砂的因素以及对油气层的出砂预测进行系统研究，是优化防砂方式、减少完井成本、最大限度提高油气井产能的有力保证。

三、出砂预测方法

研究出砂的机理及在什么样情况下才出砂、出砂量的大小及如何预测，对油气田开发方案的设计、套管柱的设计、提高油田的整体投资效益至关重要。

出砂预测是一个世界性的难题，由于它的影响因素多，各因素之间的相关性强，因此很难创建明确计算出砂量的方法。出砂预测方法有如下几种。

1. 现场观测法

1）岩心观察

疏松岩石用常规取心工具收获率低，很难将岩心从取心筒中拿出或岩心易从取心筒中脱落；用肉眼观察、手触等方法判断时，疏松岩石或低强度岩石往往一触即碎，或放置数日自行破碎，或在岩心上用指甲刻划、对岩心浸水或盐水时岩心易破碎。如有上述现象，则说明生产过程中地层易出砂。

2）DST 测试

如果 DST 测试期间油气井出砂（甚至严重出砂），说明生产过程中地层易出砂；如果 DST 测试期间未见出砂，但仔细检查井下钻具和工具时在接箍台阶等处附有砂粒，或在 DST 测试完毕后砂面上升，说明生产过程中地层易出砂。

3）邻井状态观察

同一油气藏中，如果邻井生产过程中出砂，则本井出砂的可能性大。

2. 室内试验法

通过岩心纯油驱替试验，来确定压差、排量与砂粒含量之间的关系，从而对出砂程度进行判断，确定无砂生产的最大生产压差及最大采液强度。

3. 经验类比分析法

1）孔隙度法

一般认为，地层的孔隙结构与地层的胶结强度有关。胜利油田统计结果表明：若地层孔隙度大于 30%，地层出砂较为严重，完井过程中必须考虑各小层都将出砂。

2）声波时差法

通过对大量的现场统计数据进行分析，胜利油田出砂油藏的出砂临界声波时差约为 310μs/m，而永 8 断块的声波时差较高，为 350~370μs/m，易出砂。

4. 出砂指数法

出砂指数法是根据岩石强度的有关参数，计算出不同井深的出砂指数。依据各弹性模量之间的关系，求得的出砂指数关系式为

$$B = \frac{E}{3(1-2\mu)} + \frac{2E}{3(1+\mu)} \tag{8-1}$$

式中　B——出砂指数，MPa；

　　　E——弹性模量，MPa；

　　　μ——泊松比。

B 值越大，岩石强度越大，稳定性越好，油层不易出砂。通常情况下，$B>2.0\times10^4$MPa 时，油层不出砂；$B\leqslant2.0\times10^4$MPa 时，油层出砂；B 越小，油层出砂越严重。

5. 经验法

1）声波时差法

声波时差 $\Delta t_c\geqslant295\mu s/m$（$95\mu s/ft$）时，地层容易出砂。

2）G/C_b 法（斯伦贝谢公司方法）

根据力学性质测井所求得地层岩石剪切模量 G 和岩石体积压缩系数 C_b 后，可以计算 G/C_b 值，其计算公式如下：

$$\frac{G}{C_b}=\frac{(1-2\mu)(1+\mu)\rho^2}{6(1-\mu)\Delta t_c^4} \tag{8-2}$$

式中　G——地层岩石剪切模量，MPa；

　　　C_b——岩石体积压缩系数，1/MPa；

　　　μ——岩石泊松比，小数；

　　　ρ——岩石密度，g/cm^3；

　　　Δt_c——声波时差，$\mu s/m$。

当 $G/C_b>3.8\times10^7$（MPa）^{2} 时，油气井不出砂；当 $G/C_b<3.3\times10^7$（MPa）^{2} 时，油气井要出砂。

3）组合模量法（Mobil 公司方法）

根据声速及密度测井资料，用下式计算岩石的弹性组合模量 E_c：

$$E_c=9.94\times10^8\times\rho/\Delta t_c^2 \tag{8-3}$$

式中　E_c——地层岩石弹性组合模量，MPa。其他符号同上。

一般情况下，E_c 越小，地层出砂的可能性越大。美国墨西哥湾地区的作业经验表明，当 $E_c>2.068\times10^4$MPa 时，油气井不出砂；反之，则要出砂。英国北海地区也采用同样的判据。我国的胜利油田也用此法在一些油气井上作过出砂预测，准确率在 80% 以上。出砂与否的判断方法如下：（1）$E_c\geqslant2.0\times10^4$MPa，正常生产时不出砂；（2）$1.5\times10^4MPa<E_c<2.0\times10^4$MPa，正常生产时轻微出砂；（3）$E_c\leqslant1.5\times10^4$MPa，正常生产时严重出砂。

6. 力学计算法

根据他人的研究成果，对于任意角度的定向斜井，其防砂判据为

$$C\geqslant2(p_s-p_{wf})+\frac{3-4\mu}{1-\mu}(10^{-6}\rho gH-p_s)\sin a+\frac{2\mu}{1-\mu}(10^{-6}\rho gH-p_s)\cos a \tag{8-4}$$

式中　C——地层岩石抗压强度，MPa；

　　　μ——岩石泊松比，小数；

　　　ρ——上覆岩层平均密度，kg/m^3；

　　　g——重力加速度，m/s^2；

　　　H——地层深度，m；

p_s——地层流体压力，MPa；

p_{wf}——油井生产井底流压，MPa。

如果式(8-4)成立，则表明在上述生产压差（p_s-p_{wf}）下，不会引起岩石结构的破坏，也就不会出骨架砂，可以选择不防砂的完井方法；反之，地层胶结强度低，井壁岩石的最大切向应力超过岩石的抗压强度，引起岩石结构的破坏，地层会出骨架砂，需要采取防砂完井方法。

但是很难用一种方法准确预测一口生产井全过程中是否出砂和何时出砂，只有通过多种预测方法才能使预测比较可靠。

第三节
不同完井方式稳定性分析

完井，顾名思义，指的是油气井的完成，抽象地讲是：根据油气层的地质特性和开发开采的技术要求，在井底建立油气层与油气井井筒之间的合理连通渠道或连通方式。只有根据油气藏类型和油气层的特性并考虑开发开采的技术要求去选择最合适的完井方式，才能有效地开发油气田，延长油气井寿命，提高油气田开发的经济效益。因此，选择合理的完井方式非常重要。

防砂可采用的完井方式有割缝筛管、绕丝筛管、预制筛管、砾石充填、压差控制、地层胶结、压裂—封堵等。直井可采用这些方法中的任何一种，然而对于水平井、大位移井、大斜度井来说，可采用的有效方法不多。其中割缝筛管完井是一种较为简单实用的完井方式，其优点是：井身结构简单、成本低、完井速度快、渗流面积大、产能高，完井时可钻至油层上部固井，然后用优质钻井液打开油层而防止油层污染，将割缝筛管悬挂在套管上，下到油层部位阻挡油层出砂。为了预测出砂程度，说明水平井出砂严重程度远低于直井的力学机理，要对射孔完井和裸眼完井进行分析。

一、直井射孔完井稳定性分析

井眼破裂是直井射孔完井出砂的主要原因。射孔孔眼附近的流体作用和近井眼应力的联合作用使得地层出砂。开始是单独的颗粒从骨架中分离出来，然后形成桥架，在孔眼周围或尖部形成稳定的砂桥，孔隙度和渗透率增加，但是岩石的强度相应降低了。在相对较低的流速下，流体流动作用力不会影响砂桥的稳定性，但随流速的增加，流动作用力足够大时，颗粒从砂桥中冲走，因而形成了非稳定性砂桥。如果作用力太大，就形成不了砂桥，就会不断地出砂。射孔孔眼压差 Δp 等于油藏压力 p_b 和井底压力 p_a 之差，临界压降 Δp_c 是当砂桥由于拉应力或剪应力作用开始不稳定时的 Δp。射孔井考虑为圆柱形谐振腔，底部为球形。因为球形底部的压力梯度最大，所以在分析时，可简化为考察在射孔孔道末端半球区域周围的压力梯度。假定地层是均质的、各相同性的，并且无穷大，孔隙流体假定为不可压缩的层流。对于球形腔周围的地层，力学稳定的控制应力关系为

$$\frac{\mathrm{d}s_r}{\mathrm{d}r}+\frac{2(s_r-s_t)}{r}=0 \tag{8-5}$$

式中　s_r——径向应力；

　　　s_t——切向应力。

假设腔室周围区域处在弹性稳定的限制内，结合 Mohr-Coulomb 准则可得

$$s_r-s_t=-\frac{2\sin a}{1-\sin a}(s_r-p+c\cos\alpha) \tag{8-6}$$

式中　c——内聚力；

　　　α——内摩擦角。

利用上述基本方程，结合达西定律和 Mohr-Coulomb 准则，可推出一个射孔孔眼出现破坏时的控制方程为

$$\frac{q\mu}{4\pi Kr}=\frac{4c\cos\alpha}{1-\sin\alpha} \tag{8-7}$$

式中　q——流量；

　　　μ——黏度；

　　　K——渗透率；

　　　r——射孔孔眼半径。

公式(8-7) 中给出了临界流速与岩石性质 c、α 的关系。经过系列推导可得井眼的临界压差为

$$\Delta p_{\mathrm{c}}=\frac{4c\cos\alpha}{1-\sin\alpha}\ln\frac{r}{r_{\mathrm{a}}} \tag{8-8}$$

式中　r_{a}——射孔孔眼顶端球形腔半径。

二、水平井裸眼完井稳定性分析

在原始状态下，油砂为弹性状态。井眼形成后，井壁应力集中，井壁附近出现塑性区。由于原油黏度随温度增加显著降低，因此微小的温度变化都会影响应力大小、分布和塑性区范围。割缝筛管可以防止松散的砂岩堵塞井眼，其效果取决于控制砂的程度。割缝筛管的防砂机理是允许一定大小的，能被原油携带到地面的细小砂粒通过，而把较大的砂粒阻挡在筛管外面，大砂粒在筛管外面形成"砂桥"，达到防砂的目的，如图 8-3 所示。

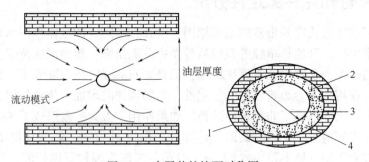

图 8-3　水平井的柱面对称图

1—弹性区；2—污染带；3—割缝筛管；4—弹—塑性区

孔隙压力在地层中的分布情况为

$$\frac{\mathrm{d}\sigma_r}{\mathrm{d}r}=\frac{2\sin\alpha}{1-\sin\alpha}\frac{1}{r}(\sigma_r+c\cos\alpha)-\frac{\mathrm{d}p}{\mathrm{d}r} \tag{8-9}$$

其中
$$\sigma_r = s_r - p$$

式中　r——到井眼中心的径向距离；

　　　σ_r——有效的径向应力。

满足力学稳定性条件后，式(8-9) 变为：

$$p(r) = \frac{Q\mu}{2\pi K}\ln\frac{r}{a} + p_a \tag{8-10}$$

式中　a——井眼半径；

　　　Q——井内每单位长度的流量。

式(8-10) 积分并带入边界条件后，得到临界流量：

$$Q \leqslant \frac{4\pi Kc}{\mu}\frac{\cos\alpha}{1-\sin\alpha} \tag{8-11}$$

式中　Q——无限距离的水平井每单位长度的流量。

式(8-11) 是一个稳定压力状态分布。在实际中，油藏的高度是受到限制的。假设流速在径向距离 b 上是圆形对称的，b 点与井内之间的压降是

$$p_b - p_a = \Delta p_h = \frac{Q\mu}{2\pi K}\ln\frac{b}{a} \tag{8-12}$$

设油藏厚度为 H，井眼直径为 D，则有压降的临界值为

$$\Delta p_{ch} = \frac{2c\cos\alpha}{1-\sin\alpha}\ln\frac{H}{D} \tag{8-13}$$

式(8-12) 和式(8-13) 适用于从理论上说明易出砂的储层。水平井可显著改善出砂情况，比较式(8-12) 和式(8-13)，可以得出水平井采油临界压差与直井射孔压差的比为

$$R = \frac{\Delta p_{ch}}{\Delta p_c} = 0.5\ln\frac{H}{D}\bigg/\ln\frac{r}{r_a}$$

如果 $H = 15\text{m}$，$D = 0.22\text{m}$，那么，$R = 2.1$，即防止出砂的水平井采油临界压差是直井射孔的 2.1 倍。

三、实例应用

新疆石油管理局九区齐古组油藏处于克—乌大断裂上盘超覆尖灭区带上。受克—乌大断裂及多区构造运动影响，形成断块油藏。油藏岩石为一套正旋回砂泥碎屑岩组合体，埋深浅欠压实，因而胶结疏松。含油砂岩以中细砂岩为主，其次为粗砂岩。由于储层埋深浅，欠压实，胶结疏松，生产时容易出砂。按岩石力学的观点，油层出砂是由井壁岩石结构被破坏所引起的，而地应力是决定岩石原始应力状态及其变形破坏的主要因素。在钻井前，岩石在垂向和侧向应力的作用下保持平衡状态；钻井后，原始应力状态遭到破坏，在开采的过程中，井壁将保持高的应力值，井壁岩石在一定条件下发生变形和破坏，这是出砂的内在原因。在开采过程中，生产压差的大小及油层流体压力的变化是储层出砂与否的外因。另外，稠油因为黏度高、密度大、流动阻力大，对岩石的冲刷力和携砂能力比较强，从而降低了岩石强度，油层容易出砂。当井壁岩石所受的最大张应力超过岩石的抗张强度时，则会发生张性断裂或张性破坏，具体表现在：井壁岩石不坚固；在开发和开采过程中油层出骨架砂。此外，油层是否含水和含水率的大小也是影响油层出砂的因素。新疆超浅层稠油油藏水平井为了防砂，完井时采用割缝筛管，而割缝筛管的缝口宽度是一个十分重要的问题。在防砂技术方

面，最重要的是合理选择与储层砂的颗粒大小相对应的筛管缝宽，缝太宽，则不防砂；缝太窄，可能堵死油流通道，导致产量降低，缝的宽度应有利于形成"砂桥"。新疆已钻成的稠油水平井试产均未发现对生产有影响的出砂问题。

通过以上的分析可以得出：

（1）水平井的临界压差取决于油藏的泄流半径。在相同的临界压差下，直井的出砂量将比水平井大，薄油层防止出砂的生产压差低于厚油层。在欠压实胶结疏松储层中，水平井裸眼完井或筛管完井有利于防砂。

（2）浅层稠油油藏筛管完井是一种经济实用的完井方式，能够较好地起到防砂的作用，同时它既能起到裸眼完井的作用，又可防止裸眼井壁坍塌，堵塞井筒。

（3）新疆油田的稠油水平井的生产实践说明，本书所提出的分析方法对防砂具有一定的参考价值。

第四节
裸眼完井出砂预测模型

采用裸眼完井的油气井，其地层一般具有较高的强度，只有在地层发生破坏后，才会引起出砂。对于这类地层，防砂的关键在于防止地层发生剪切破坏。尽管当井眼压力达到地层剪切破坏的临界值时不一定马上引起油气井出砂，但是，在生产过程中一定要控制某些参数（如井眼压力、储层压力等），防止其达到临界值。

一、井壁周围的应力分析

假设井壁周围的地层为多孔弹性介质，井壁周围的应力状态可以用以下力学模型求解：在无限大平面上，一圆孔受均匀的内压，而在这个平面的无限远处受两个水平地应力的作用，其垂直方向上受上覆岩层压力，如图8-4所示。

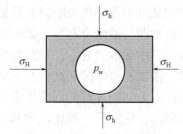

图8-4　井壁受力的力学模型

井壁围岩应力分布为

$$\sigma_r = \frac{R^2}{r^2}p_w + \frac{1}{2}(\sigma_H+\sigma_h)\left(1-\frac{R^2}{r^2}\right) + \frac{1}{2}(\sigma_H-\sigma_h)$$

$$\times\left(1+\frac{3R^4}{r^4}-\frac{4R^2}{r^2}\right)\cos2\theta + \frac{1-2\gamma}{2(1-\gamma)}a\left[\frac{R^2}{r^2}-\frac{\ln(R_0/r)}{\ln(R_0/R)}\right](p_{f0}-p_w)$$

$$\sigma_\theta = \frac{R^2}{r^2}p_w + \frac{1}{2}(\sigma_H+\sigma_h)\left(1+\frac{R^2}{r^2}\right) + \frac{1}{2}(\sigma_H-\sigma_h)\left(1+\frac{3R^4}{r^4}\right)$$

$$\times\cos2\theta - \frac{1-2\gamma}{2(1-\gamma)}a\left[\frac{R^2}{r^2}+\frac{\ln(R_0/r)}{\ln(R_0/R)}\right](p_{f0}-p_w)$$

$$\sigma_z = \sigma_v - \gamma\left[2(\sigma_H-\sigma_h)\frac{R^2}{r^2}\cos2\theta\right]$$

$$-\frac{1-2\gamma}{2(1-\gamma)}a\frac{2\ln(R_0/r)-\gamma}{\ln(R_0/R)}(p_{f0}-p_w) \tag{8-14}$$

由于井眼附近产生应力集中，井壁上的应力最大，因此将井壁上的应力与强度准则相比较，便可判断井眼是否稳定。假设边界在有限的距离处，即 $r=R_0>R$，则边界条件为

$$\left.\begin{array}{l}\sigma_z(R_0)=\sigma_v\\ p_f(R_0)=p_{f0}\end{array}\right\} \tag{8-15}$$

在井壁处，边界条件为

$$\sigma_r(R)=p_w \tag{8-16}$$

在生产过程中井壁为渗透性的，那么有

$$p_f(R)=p_w \tag{8-17}$$

井壁处的应力分布为

$$\left.\begin{array}{l}\sigma_r = p_w\\ \sigma_\theta = -p_w+\sigma_H(1-2\cos2\theta)+\sigma_h(1+2\cos2\theta)-\delta(p_{f0}-p_w)\\ \sigma_z = \sigma_v-2\gamma\cos2\theta(\sigma_H-\sigma_h)-\delta(p_{f0}-p_w)\\ \delta = a\frac{1-2\gamma}{1-\gamma}\end{array}\right\} \tag{8-18}$$

式（8-18）中，当 $\theta=\pm\pi/2$ 时，$\cos2\theta=-1$，径向和轴向应力达到最大，为

$$\left.\begin{array}{l}\sigma_r = p_w\\ \sigma_\theta = -p_w+3\sigma_H-\sigma_h-\delta(p_{f0}-p_w)\\ \sigma_z = \sigma_v+2\gamma(\sigma_H-\sigma_h)-\delta(p_{f0}-p_w)\end{array}\right\} \tag{8-19}$$

式中 p_{f0}——孔隙压力，MPa。

二、出砂预测模型的建立

两个常用的岩石破坏准则为 Mohr-Coulomb（莫尔—库仑）准则和 Drucker-Prager 准则。用主应力表示的莫尔—库仑准则为

$$\sigma_1-ap_w=\tau_0+(\sigma_3-ap_w)\tan^2\beta \tag{8-20}$$

Drucker-Prager 准则为

$$\sqrt{J_2}\geqslant C_0+C_1J_1 \tag{8-21}$$

$$J_1=\frac{1}{3}(\sigma_1+\sigma_2+\sigma_3) \tag{8-22}$$

其中

$$J_2=\frac{1}{6}\left[(\sigma_1-\sigma_2)^2+(\sigma_2-\sigma_3)^2+(\sigma_1-\sigma_3)^2\right] \tag{8-23}$$

虽然莫尔—库仑准则比较简便，但是它没有考虑中间主应力的影响，并且应用时要确定各主应力的大小。而在生产过程中，井眼附近的应力分布是不断变化的，主应力的大小也随之变化。这样，一方面不能忽视中间主应力的影响，另一方面难以确定主应力的大小，给莫尔—库仑准则的使用带来不便。因此，本章采用 Drucker-Prager 准则。假设储层压力在某一时期内保持不变，则井壁应力与生产压差的关系为

$$\left. \begin{aligned} \sigma_r &= p_{f0} - \Delta p \\ \sigma_\theta &= (1-\delta)\Delta p + 3\sigma_H - \sigma_h - p_{f0} \\ \sigma_z &= -\delta\Delta p + \sigma_v + 2\varphi(\sigma_H - \sigma_h) \end{aligned} \right\} \tag{8-24}$$

于是可以确定临界生产压差为

$$\Delta p_c = \frac{-b - \sqrt{b^2 - 4ac}}{2a} \tag{8-25}$$

其中
$$a = (6 - 8C_1^2)\delta^2 - 18\delta + 18$$
$$\begin{aligned} b = &6(\delta-2)(2p_{f0}-3\sigma_H+\sigma_h) + 6(\delta-1)[p_{f0}-\sigma_v-2\gamma(\sigma_H-\sigma_h)] \\ &+6[3\sigma_H-\sigma_h-p_{f0}-\sigma_v-2\gamma(\sigma_H-\sigma_h)] \\ &+8C_1\delta\{3C_0+C_1[3\sigma_H-\sigma_h+\sigma_v+2\gamma(\sigma_H-\sigma_h)]\} \end{aligned}$$
$$\begin{aligned} c = &3(2p_{f0}-3\sigma_H+\sigma_h)^2 + 3[p_{f0}-\sigma_v-2\gamma(\sigma_H-\sigma_h)]^2 \\ &+3[3\sigma_H-\sigma_h-\sigma_v-2\gamma(2\sigma_H-\sigma_h)-p_{f0}]^2 - 18C_0^2 \\ &-2C_1^2[2\sigma_H-\sigma_h-\sigma_v-2\gamma(\sigma_H-\sigma_h)]^2 \\ &-12C_0C_1[3\sigma_H-\sigma_h-\sigma_v-2\gamma(\sigma_H-\sigma_h)] \end{aligned}$$

从式(8-25)可以看出，求临界生产压差的表达式十分复杂，为了分析计算方便，在此提出地层稳定性指数 S 的概念，令

$$S = C_1 J_1 + C_0 - \sqrt{J_2} \tag{8-26}$$

当 $S>0$ 时，地层稳定；当 $S=0$ 时，地层处于临界状态；当 $S<0$ 时，地层屈服。

三、各参数对地层稳定性的影响

1. 储层压力对地层稳定性的影响

胶结强度比较大的储层一般不会发生沉降，随着孔隙压力的降低，有效原地应力增大。假设原始地应力状态为：$\sigma_v = 0.021H$，$\sigma_H = -22.58 + 0.034H$，$\sigma_h = -11.56 + 0.022H$，$p_w = 15\text{MPa}$，$\alpha = 1$，$\gamma = 1/3\text{MPa}$，$C_0 = 16\text{MPa}$，$C_1 = 0.4\text{MPa}$，$H = 2000\text{m}$。

给定一组逐渐变小的储层压力值，通过以上公式可以计算得到一组对应的地层稳定性指数变化值，如表 8-1 所示。

表 8-1 储层压力与地层稳定性指数对应数据

储层压力, MPa	地层稳定性指数, MPa	储层压力, MPa	地层稳定性指数, MPa
25	0.858825	19	0.15294
24	0.741178	18	0.03529
23	0.623531	17.7	0
22	0.505884	16.3	−0.1647
21	0.388237	15.5	−0.25882
20	0.27059	14.8	−0.34117

图 8-5 给出了储层压力逐渐衰减的情况下地层稳定性的变化规律。由图可以看出，随着储层压力的衰减，S 变小。当储层压力下降至 17.7MPa 时，地层开始屈服。地层屈服后，岩石的力学强度降低了，在井眼周围就产生了一个弱化区。随着岩石的变形，只要流体的拖曳力或压力波动达到一定的值，就会使井眼周围的屈服区砂粒产出。

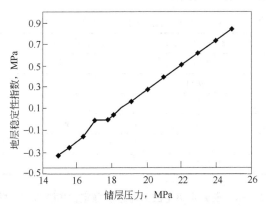

图 8-5 储存压力衰减对地层稳定性的影响

2. 生产压差对地层稳定性的影响

假设 $p_{f0} = 22\text{MPa}$，原始地应力状态、岩石的强度系数、井深、泊松比等参数相同。同样给定一组生产压差值，则可计算出相应的地层稳定性指数变化值，如表 8-2 所示。

表 8-2 生产压差与地层稳定性指数对应数据

生产压差，MPa	地层稳定性指数，MPa	生产压差，MPa	地层稳定性指数，MPa
0	6. 2857	6. 5	1. 64284
1. 5	5. 214271	7	1. 285698
2	4. 857128	7. 5	0. 928655
3	4. 152852	8	0. 5714
4	3. 428556	8. 8	0
5	2. 71427	10	−0. 85716
6	1. 9998		

图 8-6 为生产压差与地层稳定性指数 S 的关系曲线。由图可以看出，随着生产压差的增大，S 变小。当生产压差达到 8.8MPa 时，地层开始屈服。因此要保持地层稳定，就要使生产压差保持在 8.8MPa 以下，根据这一生产压差可求出不出砂开采的最高产量。

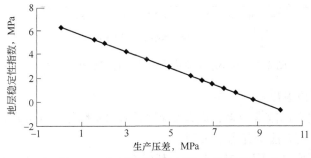

图 8-6 生产压差对地层稳定性的影响

3. 原始地应力状态对地层稳定性的影响

在 p_{f0} = 22MPa、p_w = 15MPa、σ_v = 0.021H、C_0 = 16MPa、C_1 = 0.4MPa、a = 1、γ = 1/3MPa、H = 2000m 条件下，通过计算，表 8-3 和表 8-4 分别为最小水平主应力和最大水平主应力与地层稳定性指数变化值的汇总。

表 8-3　最小水平主应力与地层稳定性指数对应数据

最小水平主应力，MPa	地层稳定性指数，MPa	最小水平主应力，MPa	地层稳定性指数，MPa
30	−0.2	36	1.41250
31	0.06874	37	1.68125
32	0.33750	38	1.950
33	0.60625	39	2.21875
34	0.875	40	2.4875
35	1.14375	42	3.025

表 8-4　最大水平主应力与地层稳定性指数对应数据

最大水平主应力，MPa	地层稳定性指数，MPa	最大水平主应力，MPa	地层稳定性指数，MPa
36	10.0064	43	3.0068
37	8.9998	44	1.9899
38	8.00236	45	0.9858
39	7.0	46	0
40	5.886	47	−1
41	4.9736	48	−1.998
42	4.0135		

图 8-6 和图 8-7 分别为最小水平主应力和最大水平主应力与地层稳定性指数的关系曲线。由图 8-7、图 8-8 可以看出，随着最小水平主应力的减小和最大水平主应力的增大，水平地应力不均匀地增加，地层稳定性变差。因此，准确地确定原地应力状态对出砂预测也是十分关键的。

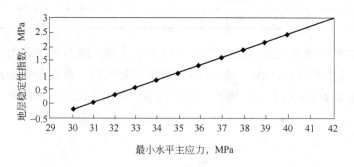

图 8-7　最小水平主应力对地层稳定性指数的影响

由以上的分析可以看出：

（1）影响油井出砂的因素众多，因此要根据不同的地层、不同的完井方法以及出砂的不同过程，采取不同的方法研究出砂机理。

（2）通过分析裸眼井周围的应力分布，利用 Drucker-Prager 准则，建立了相应的出砂预

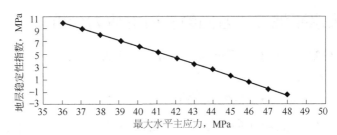

图 8-8　最大水平主应力对地层稳定性指数的影响

测模型，提出了地层稳定性指数的概念。

（3）研究发现，随着储层压力衰减、原地应力的增加，地层稳定性变差，容易发生剪切破坏并引起油井出砂。

（4）生产压差对地层稳定性具有重要的影响，随着生产压差的增大，地层稳定性变差，容易引起油井出砂。因此控制生产压差是减少油井出砂的重要措施。

（5）岩石发生剪切破坏后，在井壁周围产生屈服区，此时砂粒间只有很小的残余强度，抗拉强度很小，较小的流速就能将其冲走。因此，对于采用裸眼完井、强度比较大的地层而言，防砂的首要任务在于防止岩石发生剪切破坏。

第五节
射孔完井出砂预测模型

多数井采用射孔完井法，因此研究其出砂机理具有重要意义。通常，对油井出砂机理的研究常采用 Mohr-Coulomb 准则和 Drucker-Prager 准则，也有的用井壁岩石的拉伸破坏准则。这里主要讲述的是采用岩石力学的理论和方法，分析射孔孔眼周围岩石应力场对孔道稳定性的影响，将反映储层岩石胶结强弱的抗压强度与岩石破坏的 Drucker-Prager 准则进行比较，从而建立射孔完井临界出砂预测模型，判断岩石是否屈服，预测油井是否出砂，并计算其临界出砂参数。

对于具有一定胶结强度的地层，一般都采用射孔完井，只有射孔孔道发生破坏时，才可能出现出砂现象。在油井投产初期，射孔孔道呈细长形，可以将射孔孔道看成是长轴和短轴之比非常大的不规则椭球体。在小直径射孔的情况下，假设沿两种特殊方向射孔（沿最大水平地应力 σ_H 方向和沿最小水平地应力 σ_h 方向），如图 8-9 所示。

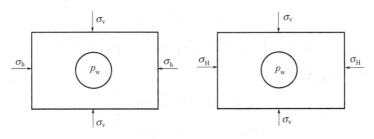

　(a) 沿最大水平地应力方向　　　　　(b) 沿最小水平地应力方向

图 8-9　射孔孔道壁受力分析

一、沿最大水平地应力方向射孔时的应力分析

由图 8-9(a) 可知，射孔孔道壁处岩石的应力分布为

$$\left.\begin{array}{l} \sigma_r = p_w \\ \sigma_\theta = -p_w + \sigma_v(1-2\cos2\theta) + \sigma_h(1+2\cos2\theta) - \delta(p_{f0}-p_w) \\ \sigma_z = \sigma_H - 2\gamma\cos2\theta(\sigma_v-\sigma_h) - \delta(p_{f0}-p_w) \\ \delta = \beta(1-2\gamma)/[2(1-\gamma)] \end{array}\right\} \tag{8-27}$$

式中　p_w——井眼压力，MPa；

　　　γ——泊松比；

　　　δ——中间过渡变量；

　　　β——Biot 系数，一般取 1；

　　　σ_v——垂直主应力，MPa。

因生产压差 $\Delta p = p_{f0} - p_w$，当 $\theta = \pm\pi/2$ 时，由式(8-27) 可以得到射孔孔道壁处岩石的 3 个主应力为

$$\left.\begin{array}{l} \sigma_1 = \sigma_r = p_{f0} - \Delta p \\ \sigma_2 = \sigma_\theta = (1-\delta)\Delta p + 3\sigma_v - \sigma_h - p_{f0} \\ \sigma_3 = \sigma_z = -\delta\Delta p + \sigma_H + 2\gamma(\sigma_v-\sigma_h) \end{array}\right\} \tag{8-28}$$

式中　σ_r、σ_θ、σ_z——地层中某点所受径向应力、周向应力和垂向应力，MPa；

　　　σ_1、σ_2、σ_3——第一、第二和第三主应力，MPa。

二、沿最小水平地应力方向射孔时的应力分析

由图 8-9(b) 可知，射孔孔道壁处岩石的 3 个主应力分别为

$$\left.\begin{array}{l} \sigma_1 = \sigma_r = p_{f0} - \Delta p \\ \sigma_2 = \sigma_\theta = (1-\delta)\Delta p + 3\sigma_v - \sigma_H - p_{f0} \\ \sigma_3 = \sigma_z = -\delta\Delta p + \sigma_h + 2\gamma(\sigma_v-\sigma_h) \end{array}\right\} \tag{8-29}$$

由于射孔孔道附近产生应力集中，使得孔道壁上的应力最大，因此，将孔道壁上的应力与强度准则对比，可以预测井眼是否稳定。

Drucker-Prager 准则为

$$J_1 = \frac{1}{3}(\sigma_1 + \sigma_2 + \sigma_3)$$

$$\sqrt{J_2} \geqslant C_0 + C_1 J_1$$

$$J_2 = \frac{1}{6}[(\sigma_1-\sigma_2)^2 + (\sigma_2-\sigma_3)^2 + (\sigma_1-\sigma_3)^2]$$

其中，C_0、C_1 可由下式确定：

$$\left.\begin{array}{l} C_0 = 3\tau_0/\sqrt{9+12\tan^2\alpha} \\ C_1 = 3\tan\alpha/\sqrt{9+12\tan^2\alpha} \\ \tau_0 = \frac{1}{2}\sigma_c(\sqrt{f^2+1}-f) \end{array}\right\} \tag{8-30}$$

式中 f——内摩擦系数；

σ_c——岩石的抗压强度，MPa；

α——内摩擦角。

由式(8-19) 和式(8-29) 可得到关于 Δp 的一元二次方程式为

$$A\Delta p^2 + B\Delta p + C = 0 \tag{8-31}$$

解方程(8-31)，可得临界生产压差 Δp_c 为

$$\Delta p_c = \frac{-B + \sqrt{B^2 - 4AC}}{2A} \tag{8-32}$$

$$A = (6 - 8C_1^2)\delta^2 - 18\delta + 18$$

$$\begin{aligned}
B = {}& 6(\delta - 2)(2p_{f0} - 3\sigma_v + \sigma_h) + 6(\delta - 1)[p_{f0} - \sigma_H - 2\gamma(\sigma_v - \sigma_h)] \\
&+ 6[3\sigma_v - \sigma_h - p_{f0} - \sigma_H - 2\gamma(\sigma_v - \sigma_h)] \\
&+ 8C_1\delta\{3C_0 + C_1[3\sigma_v - \sigma_h + \sigma_H + 2\gamma(\sigma_v - \sigma_h)]\}
\end{aligned}$$

$$\begin{aligned}
C = {}& 3(2p_{f0} - 3\sigma_v + \sigma_h)^2 + 3[p_{f0} - \sigma_H - 2\gamma(\sigma_v - \sigma_h)]^2 \\
&+ 3[3\sigma_v - \sigma_h - \sigma_H - 2\gamma(\sigma_v - \sigma_h) - p_{f0}]^2 - 18C_0^2 \\
&- 2C_1^2[3\sigma_v - \sigma_h + \sigma_H - 2\gamma(\sigma_v - \sigma_h)]^2 \\
&- 12C_0C_1[3\sigma_v - \sigma_h + \sigma_H - 2\gamma(\sigma_v - \sigma_h)]
\end{aligned}$$

将 Drucker-Prager 准则进行变换，并引入地层稳定性指数 S，得到

$$S = (C_0 + C_1 J_1) - \sqrt{J_2} \tag{8-33}$$

当 $S>0$ 时，地层稳定；当 $S=0$ 时，地层处于临界状态；当 $S<0$ 时，地层屈服。

假设射孔孔道内的压力降较小，流体的流动将集中在射孔孔道的顶端，且射孔孔道顶端为半球。由 Scheater 的孔道流体流动速率公式得到油井临界产量的计算式为

$$q_c = 7.08 \times 10^{-3} Kh\Delta p_c / \mu b \ln \frac{r_e}{L_p} \tag{8-34}$$

式中 K——岩石的渗透率，$10^{-3} \mu m^2$；

h——油层厚度，cm；

Δp_c——出砂临界压差，10^5Pa；

μ——油水混合液黏度，mPa·s；

b——体积系数；

r_e——油藏半径，cm；

L_p——射孔孔道长度，cm；

q_c——临界产液量，m^3/d。

临界流速为

$$u_c = q_c / (2\pi r_p^2) \tag{8-35}$$

式中 u_c——临界流速，cm/s；

r_p——孔道半径，cm。

第六节
弱胶结砂岩油藏防砂措施及对策探讨

一、常见的防砂完井方式

在同"砂害"作斗争的长期过程中，人们研究了各种各样的防砂方法，国内外最常见的防砂完井方法有：

（1）割缝衬管完井。

（2）绕丝筛管完井。

（3）裸眼预充填类筛管完井。预充填类筛管包括预充填砾石筛管、金属纤维筛管、烧结陶瓷筛管、金属毡筛管等。国外的 Stratapac 筛管、Sinterpak 筛管属于金属纤维类筛管。

（4）裸眼井下砾石充填完井。

（5）射孔套管内预充填类筛管完井。

（6）射孔套管内井下砾石充填完井。砾石充填方式包括常规砾石充填、高速水砾石充填、压裂充填（主要有清水压裂充填、端部脱砂压裂充填、胶液压裂充填三种）。

但实际上人们在防砂的措施上已不再是单一模式，而是采取机械、化学一体化的综合配套防砂技术。

二、弱胶结砂岩地层防砂对策探讨

对于弱胶结砂岩地层，携砂冷采是关键。2003 年，吉林套保油田现场应用结果显示，通过采取携砂冷采技术，套保油田单井产量上升近 5 倍，较好地解决了"出水""砂卡"等技术难题。携砂冷采技术在海外项目中也取得了重大进展。在苏丹 6 区 Fula 稠油油藏储层物性研究的基础上，通过对稠油冷采方式的研究与分析，评价筛选了可用于 Fula 稠油油藏的防砂冷采与携砂冷采两种方式。在两种冷采方式现场试验和经济评价结果的基础上，提出了能够最大限度发挥 Fula 稠油油藏综合经济效益的"（有限）携砂采油"开采方式，制定了稠油（有限）携砂冷采开发程序和开发方案设计，提出了 Fula 油田有限防砂工艺方案，并应用螺杆泵进行开采试验。

针对弱胶结砂岩地层的特点，可以从如下几个方面对出砂进行整治。

1. 采取定量制的机械防砂措施

为防止大粒径砂进入深井泵造成卡泵，借鉴岩心分析中的方法，以粒度累计曲线为基础，通过选取有代表性的砂样，采取对砂样筛析的方法，选取定量目数的防砂管防砂。原理是利用不同孔眼的各类防砂管屏蔽、遮挡不同粒径的地层砂，技术关键是优选合理的参数（防砂管孔眼大小）。防砂粒径的确定是重要参数之一：如果防砂管的防砂粒径过大，达不到有效挡砂目的；而如果防砂管的防砂粒径过小，又限制产能发挥。通常防砂管的选取要与粒度最大的颗粒粒径吻合，这样才能保证绝大多数砂粒无法随油流进入生产管柱内，粒径较小的颗粒虽然能进入井筒内，但可以随原油举升到地面。

2. 结合油藏特点，地质与工艺结合，优选合理化学防砂措施

对处于出砂高峰期的油井和处于易出砂沉积相带的井（如位于水下分支河道、河口坝微相处，这些相带渗透率高、产液量高），为了防止油层大量出砂，造成近井地带亏空，导致套变发生，主要采取化学防砂措施。技术关键是如何控制好化学防砂后渗透率的损失，实现既可防砂又保证油井产能的目的。为此，根据油井出砂历史、目前地层压力状况、注采连通情况、渗透率大小，合理确定施工参数，精确计算防砂所要达到的防砂半径，通过优化施工方案，保证防砂方案的落实，施工后采取有效手段进行评价，为下一步实施提供依据。例如，2002 年 1 月施工的新北油田 10-103 井处于水下分支河道微相，施工前出砂严重，油井不能正常生产，处于半停产状态。鉴于此，根据该井油藏各项参数、出砂情况、近井地带因出砂造成的亏空情况，精心设计了施工参数，采取改性氨基树脂防砂。施工后恢复了正常生产，初期日增油 2.1t。通过防砂后试井评价，渗透率损失 20%，产油指数能够满足要求。截至 2003 年 12 月末，累计增液 764.7t，累计增油 608.2t。

3. 推广应用螺杆泵排砂技术

对于出细粉砂且出砂量较大并出钻井液的油井，鉴于机械防砂效果不理想、采取化学防砂易造成产能下降过大的实际，试验并应用螺杆泵排砂技术。

螺杆泵排砂冷采是稠油开发的主流技术，但是对于稀油油藏防砂、治砂并不多见。技术关键在于如何依据地层能量状况、地质条件差异、油井供液能力和螺杆泵抽汲能力的匹配关系来进行选型。螺杆泵能够防砂主要由其结构决定：螺杆泵的转子和定子是软接触，具有一定嵌砂能力，而且由于运行、排量稳定，携砂能力也较强，因此具有较强的耐砂能力，不易造成砂卡。应用时，根据地层供液能力的强弱、油井出砂轻重，确定螺杆泵排量和下泵参数、杆管组合和锚定装置。考虑单一工艺不能满足防砂要求，还可采取配套工艺。如螺杆泵与化学预处理工艺相结合，先对近井地带堵塞的井进行化学解堵处理；对出砂严重的井，采取化学防砂后，再下螺杆泵；对一般出砂井，采取泵下接各类机械防砂管的工艺；对地层压力高的出砂井，采取螺杆泵与丢手滤砂管及防顶砂隔器配套工艺技术，以解决高低压层的压差问题。这样既可以改善防砂效果，又延长了螺杆泵使用寿命。螺杆泵免修期一般可达500d 以上，比常规深井泵免修期长 200~300d。

4. 对出砂严重井，采取酸化—氨基树脂防砂技术

对出砂严重的井，先对油层进行酸化深度预处理，破坏钻井液体系，再大排量将泥质和细粉砂挤入油层深处，然后采取化学防砂，重塑人工井壁。这样生产时，由于油层深处的流动速度和流压远小于井眼附近，达不到启动所需流速，从而达到抑制出砂和钻井液的目的。

5. 针对不同层系同时出砂、不同井况问题，优选最佳防砂方法

（1）对于开采单层且油层纵向渗透率差异小、砂粒相对均匀的出砂井，选取改性氨基树脂防砂技术。

（2）对于不同层系合采且各层同时出砂的井，采取严重出砂层化学防砂再与机械防砂工艺结合的办法。如上层采取化学防砂，下层采取绕丝筛管—砾石充填防砂工艺，既可达到防砂目的，又可防止下面油层砂埋。

（3）对于出砂造成近井地带地层堵塞的井，采取补孔、负压捞砂返排、水力冲洗以及丢手砾石充填与压裂一体化相结合等技术方法，消除堵塞。

三、小结

（1）随着开发的深入，油层出砂机理、出砂特点也发生变化。防砂应根据油层特点、出砂的具体情况，深化机理研究，采取针对性的工艺措施。

（2）对出砂严重井，应采取化学防砂，避免油层由于出砂严重导致套变发生。同时，化学防砂应考虑渗透率损失，保证产能发挥。

（3）对高含水出砂井，应采取化学防砂，再下大泵提液；对低含水出砂井，应以机械防砂并采取合理工作制度来预防出砂为手段，确保低含水期较高的采收率。

（4）在充分结合其他工艺情况下，螺杆泵用于稀油防砂效果较为理想，特别是对防治出砂粒径较小和出钻井液的井效果更好，关键是做好选井、螺杆泵选型工作。

思考题

1. 简述油层出砂原因以及影响因素。

2. 出砂预测方法有哪些？

3. 什么是砂拱稳定机理？

4. 防砂措施及对策有哪些？

参 考 文 献

[1] 白家祉.井斜控制理论与实践.北京：石油工业出版社，1990.

[2] 陈庭根，管志川.钻井工程理论与技术.东营：中国石油大学出版社，2006.

[3] 孙振纯，夏月泉.井控技术.北京：石油工业出版社.1997.

[4] 陈平.钻井与完井工程.北京：石油工业出版社，2005.

[5] 龙芝辉，张锦宏.钻井工程.北京：中国石化出版社，2010.

[6] 楼一珊，金业权.岩石力学与石油工程.北京：石油工业出版社，2006.

[7] 白家祉.应用纵横弯曲梁理论求解钻具组合的受理与变形//国际石油工程会议论文集.北京：石油工业出版社，1982.

[8] 铁木辛柯.材料力学：高等理论及问题.汪麟，译.北京：科学出版社，1979.

[9] 铁木辛柯.材料力学.胡人社，译.北京：科学出版社，1978.

[10] 铁木辛柯.弹性稳定理论.张福范，译.北京：科学出版社，1965.

[11] 卓卫东.应用弹塑性力学.北京：科学出版社，2005.

[12] 周开吉，郝俊芳.钻井工程设计.东营：石油大学出版社，1996.

[13] 沈忠厚，油井设计基础与计算.北京：石油工业出版社，1988.

[14] 徐芝伦.弹性力学（上册）.北京：高等教育出版社，1979.

[15] 刘希圣.钻井工艺原理（上册）.北京：石油工业出版社，1988.

[16] 郝俊芳，龚伟安.套管柱强度计算与设计.北京：石油工业出版社，1987.

[17] 孟英峰.套管柱的双轴应力计算.石油钻采工艺，1980，2（6）：27-33.

[18] 李廉锟.结构力学.北京：人民教育出版社，1979.

[19] Lubinski A，Woods H B.在旋转钻井中影响井斜角和狗腿的因素//刘希圣.钻井的防斜理论和方法.北京：中国工业出版社，1965.

[20] Mccray A W，Cole F W. Oil well drilling technology. Huston：OPITO，1976.

[21] Moore P L.钻井工艺技术.刘希圣，胡湘炯，等译.北京：石油工业出版社，1982.

[22] 雷健中.方钻铤防斜的初步认识.石油钻采工艺，1981（3）.

[23] Lubinski A H，Woods B.使用稳定器控制井斜//胡湘炯.钻井的防斜理论和方法.北京：中国工业出版社，1965.

[24] Timoshenko. Strength of Materials Part Ⅱ：advanced theory and problems. New York：D van Nostrand Company Ltd，1956.

[25] 龚伟安.HCY 装置的防斜原理及其应力.石油钻采工艺，1981（6）.

[26] 龚伟安.防斜防粘扁钻艇结构设计及原理.石油钻采工艺，1982（5）.

[27] 龚伟安.弯曲井眼内钟摆组合钻具扶正器最佳位置的近似计算.石油学报，1983（3）.

[28] 龚伟安.应用能量法计算扶正器的位置.石油钻探技术，1981（4）.

[29] 龚伟安.应用纵横弯曲梁理论计算弯曲井眼内扶正器的位置.石油学报，1984（3）.

[30] Woods H B，Lubenski A.解决井斜问题的实用图表//苏公望.钻井的防斜理论与方法.北京：中国工业出版社，1965.

[31] 杨勋尧.地层造斜力的计算与应用.石油学报，1985（1）.

[32] 法国石油研究院.钻井数据手册.王子源，苏勒，王泽林，译.北京：地质出版社,1995.

[33] 金衍，陈勉.井壁稳定力学.北京：科学出版社，2012：56-58.

[34] 陈勉，金衍.石油工程岩石力学.北京：科学出版社，2008.

[35] 邓虎，孟英峰，陈丽萍，等.硬脆性泥页岩水化稳定性研究.天然气工业，2006，24（2）：25-31.

[36] 路保平，林永学，张传进.水化对泥页岩性质影响的实验研究.地质力学学报，1999，5（1）：65-68.

[37] 金衍，陈勉，郭凯俊，等.复杂泥页岩地层地应力的确定方法研究.岩石力学与工程学报，2006，11（26）：2287-2291.

[38] 谢和平，陈忠辉.岩石力学.北京：科学出版社，2004.

[39] 王鸿勋.大型压裂分批加砂的研究.华东石油学院学报，1979.

[40] 王鸿勋.水力压裂中的一种新型加砂方式.华东石油学院学报，1981.

[41] 杨秀夫，刘希圣，等.国外水力压裂技术现状及发展趋势.钻采工艺，1988（4）.

[42] 李志明，张金珠.地应力与油气勘探开发.北京：石油工业出版社，1997.

[43] 刘向君，罗平亚.岩石力学与石油工程.北京：石油工业出版社，2004.

[44] 葛洪魁，等.水力压裂地应力测量有关问题的讨论.石油钻采工艺，1988，20（6）.

[45] 张士诚，张劲.压裂开发理论与应用.北京：石油工业出版社，2003.

[46] 蔡美峰.岩石力学与工程.北京：科学出版社，2002.